江苏高校优势学科建设工程资助项目(CPAPD)
“雾霾监测预警与防控”资助

中国古代气象

姜海如　赵同进　彭莹辉　编著

内容提要

本书对中国古代气象发展演变进行了比较系统的梳理，在此基础上参照现代气象科学技术分类方法进行了归纳总结。此书既不同于中国古代气象史编年记事，也不同于一般的中国古代气象纪实，更符合现代人按照今天的阅读习惯，可在较短时间内学习和了解中国古代气象知识。本书可供气象学和科技史学研究人员参考，也可供设有气象科技史或相关课程的大中专学校教学人员参考，也适合爱好中国古代文化的广大读者阅读。

图书在版编目(CIP)数据

中国古代气象 / 姜海如，赵同进，彭莹辉编著．—北京：气象出版社，2016.12

ISBN 978-7-5029-6255-5

Ⅰ.①中… Ⅱ.①姜… ②赵… ③彭… Ⅲ.①气象学—历史—中国—古代 Ⅳ.①P4-092

中国版本图书馆 CIP 数据核字(2016)第 285219 号

中国古代气象

姜海如　赵同进　彭莹辉　编著

出版发行：气象出版社
地　　址：北京市海淀区中关村南大街 46 号　邮政编码：100081
电　　话：010-68407112(总编室)　010-68408042(发行部)
网　　址：http://www.qxcbs.com　E-mail：qxcbs@cma.gov.cn
责任编辑：李太宇　崔晓军　终　　审：邵俊年
责任校对：王丽梅　责任技编：赵相宁
封面设计：博雅思企划
印　　刷：北京京科印刷有限公司
开　　本：889 mm×1194 mm　1/32　印　　张：7.5
字　　数：220 千字
版　　次：2017 年 2 月第 1 版　印　　次：2017 年 2 月第 1 次印刷
定　　价：30.00 元

序

中国古代气象，系中国先民在生产和生活中对天气现象的规律认知和探索的结晶，既是中国古代科学技术发展的不可或缺的内容，也是中国古代文化的重要领域。在气象科学技术高度发达的今天，温故知新，从不同视角深入开展对中国古代气象的研究，对于科学总结历史经验，开创高水平气象现代化的未来，大有裨益。

古代气象知识发源地有两处，一处是东方的中国，一处是西方的希腊。中国有着 5000 年的文明史，气象历史渊源深厚。相传中国在黄帝时代就开始了天象气候观测活动，是世界上最早设立观象台的国家，自有文字记录以来，就有气象现象的记录。在出土的殷商甲骨文档案中，有雨、云、风、雷、虹、雪、雹、晕、霾等各种气象现象的记载，还有大量气象预测的记载。甲骨文气象档案是目前世界上发现的最早的遗存气象档案，在跨越 3000 多年的历史文献中，涉及记录、记述气象的文献，历代相传，未曾中断。其中，记载的距今 2000 多年以来的重大气象灾情资料，1000 年以来的气象资料，300 年左右的晴雨连续气象记录，尤为丰富。据史书记载，夏商时期，古代先民就开始了天气占测，至西周、春秋战国时，已掌握了逐月气候、物候特征，并利用这些经验预测天气气候。秦汉以后，天气预测经验不断丰富，至元代已形成大量的气象谚语，更易于气象知识的广泛传播应用和世代相传，被世人誉为宝贵的气象文化遗产。

在近代之前，中国气象科技一直处于世界领先地位。汉代前总结形成的四时、八节、二十四节气、七十二候的气候规律，是当时人类在气象领域取得的伟大成就。国际上很多专家学者认为，这些成就堪与中国古代四大发明相提并论。中国是世界上最早发明测风仪器的国家，在西汉就发明了风向器。唐代李淳风制定的风力等级表，是世界上最早的划分风力的等级表。南宋数学家秦九韶在《数书九章》中演示的天池测雨计算方法，是世界上最早的测雨理论和方法。基于长期的气象观测和预测实践，中国古代科学家开始对气象原理进行探索，特别是对雨雪、雷电、冰雹、云系、光象等许多天气现象的形成机理进行了探讨，提出许多很有见地的认识。

中华文化源远流长，博大精深，在世界文明史中独树一帜。气象文化作为中华文化的重要组成部分，内涵十分丰富，其中有关人与自然和谐的气象文化思想，堪称中华民族文化中的精髓。中国深厚的文化底蕴和特殊的地理气候环境，使中华民族对气象形成了独具中国特色的深刻认识和理解。中国传统气象文化把气象与农业生产、居住建筑、战争胜负、人的生命安全、人体疾病、人的精神心理以及医疗卫生、哲学思想、宗教崇拜、政治管理、艺术创造等相结合，极大地丰富了气象文化的内涵，对中国古代哲学、伦理学、政治学、医学、农学、建筑学、军事学等学科产生了深远的影响。直到今天，一些重要的气象文化思想，诸如人与自然和谐以及注重居住环境、生产不违农时、立足备灾备荒等重要思想仍然闪耀着历史的光辉。

中国古代气象的文献和记录浩如烟海，当代对中国古代气象进行探讨的论著也有不少，但系统地论述中国古代气象的专著并不多见。《中国古代气象》一书，顺应读者的需求，以中国古代气象观测、预测、古代气象科学认识和应用为主线，比较系统地介绍了古代气象知识积累进而升华的进程，对古代分散在天文学、医学、农学、建筑学、哲学、军事学等领域的气象记述进行了比较系统的收集和梳理，并据此进行归纳分析，提出了一些独到见解。这本专著内容丰富、深入浅出，对于气象工作者和社会读者了解中国古代气象进程、汲取历史文化精华、指导当今气象工作具有很高的科技、文化和应用价值。

《中国古代气象》一书的可贵之处还在于，作者在对中国古代气象进行比较系统梳理的基础上，参照现代气象科学技术分类对中国古代气象进行了分类整理和归纳总结。因此，《中国古代气象》既不同于中国古代气象史编年记述，也不同于一般的中国古代气象纪实。这就更利于现代人按照今天的学科和脉络的阅读习惯，在较短的时间内系统地掌握古代气象知识。

本书是作者姜海如（南京信息工程大学气候变化与公共政策研究院特聘研究员）、赵同进、彭莹辉在参与编撰《中国气象百科全书》过程中，在充分收集和阅读大量历史文献、编写《中国气象百科全书》若干古代气象条目的基础上逐步形成的。这本书与《中国气象百科全书》相互呼应，相得益彰，相信会有益于读者更方便地了解和掌握气象知识，促进中国气象文化的传承和传播。

王守荣

2017年1月20日

王守荣，理学博士，正研级高级工程师，中国气象局原副局长。

目　录

第一章　中国古代气象概述

气象与人类生存和发展息息相关，特定的气象条件既是孕育地球生命的重要前提，也是人类文明和社会发展的自然基础。中华民族具有5000年灿烂的文明史，古代气象观测预测活动源远流长。中国古代在世界上最早设立观象台，积累了丰富的气象观测预测经验；很早就开展了自然气象活动规律的探索，孕育了气象科学萌芽。为满足农业经济生产发展的需要，我国是世界上最早广泛应用气象知识的国家之一。

第一节　中国史前气象文化

一、史前气象文化概述

在人类文明史中，根据史学时期划分，“历史时代”是指从有文字发明时起算，在那之前则称为“史前时代”。由于世界各地发明文字的时间不同，所以史前时代并没有一个适用于各地的特定时间，但也有泛称指公元前4000年以前时期的共识。在中国则是指夏朝建立以前，包括早期猿人、晚期猿人、母系氏族、以及有关三皇五帝的传说史，直到夏朝建立，时间跨度从约170万年前到公元前21世纪。

史前文化通常是指没有文字记录之前的人类活动所产生的文化，具体到中国则是指夏朝之前的文化。我国夏朝从公元前21世纪开始(约为公元前2070年～约公元前1600年)。史前文化由于没有文字记载，它主要根据古代文物或遗迹对那个时期的情况进行判断。

相应地中国史前气象文化，也是指夏朝之前的气象文化。根据历史考证，距今14000——10000年前，中国境内的农业已经开始起源，至少距今8000年前后，在长江流域、黄河流域的种植农业已经趋于成熟，这意味着中国古代先民对天象、气候、季节和一年的周期分割已经开始认识，原始的天象观测、天文历法知识可能初具雏形。这一点如恩格斯所言“必须研究自然科学各个部门和顺序的发展。首先是天文学，游牧民族和农业民族为了定季节，就已经绝对需要它”[1]，中国古代文献中有关于伏羲画卦、神农作稼、有巢氏传说，指的应该是这一时期。

二、气候变迁与被迫适应

在恶劣的气候环境中，人类要想生存下来，就必须努力调节人与自然界的关系。人类在进化的过程中，一方面在被迫适应气候环境；另一方面需要人类自身不断努力去适应自然、不断利用和改造自然。人类在被迫适应中又促进了自身的进化和发展，这样人类的智力就一步一步地得到发展，劳动在人类进化和智力发展中发挥了决定性作用，劳动也是人类文化创造的开始。

在自然界为什么只有人类能逐步摆脱并从自然束缚中被解放出来，马克思主义的观点认为，起决定作用的是人类创造性劳动。根据对动物的心理研究分析，在动物界大量动物存在着本能适应自然环境的能力，如鸟筑巢、蚁垒穴、蜂建房等等，而且许多高等动物具有比较复杂的情感表现。由此可以认为，人类在它还处在动物阶段时就已经具有一些适应自然环境的心理和行为本能，这为人类劳动的发生准备了前提，而使这种前提转变为劳动发生的外部条件可能就与气候环境的变化相关。

有科学研究认为，古猿走出森林，气候变化是主要原因，有的学者还认为是唯一原因[2]，一种观点认为，如果气候突变，造成古原始森林突然大片毁灭，那么古猿也会遭遇与6500万年前恐龙毁灭的同样命运。因此，排除了气候突变的可能性。气候渐变，使森林逐步缩小，给古猿转入到适应地面生活提供了足够过渡时间。

古猿从树上生活转到地面，为了寻找食物和生存，还必须被迫适应地面气候环境和条件。猿人走出森林到林中空地或稀树草原上寻求新生活的猿群主要靠采集为生。一方面，虽然地面自然气候条件能够提供植物和果物食物，但是已不如森林中那么丰富和易于取得了，猿群很可能是在走出森林之后，才开始拣取池水溪河中的蚌蛤为食，并学会了捕食小动物，养成了食肉的习性。恩格斯认为："正如人学会吃一切可以吃的东西一样，人也学会了在任何气候下生活。人分布在所有可居住的地面上，人是唯一能独立自主地这样做的动物。其他的动物，虽然也习惯于各种气候，但这不是独立自主的行为，而只是跟着人学会这样做的，例如家畜就是这样。从原来居住的恒常炎热的地带，迁移到比较冷的、一年中分成冬季和夏季的地带，就产生了新的需要：要有住房和衣服以抵御寒冷和潮湿，要有新的劳动领域以及由此而来的新的活动，这就使人离开动物越来越远了。"[1]514

人类最初的文化创造环境非常艰难。有研究表明，人类从动物界分离之始所面临的气候环境是非常不利的。以中国远古时代的"北京人"为例，气候变化经常迫使他们或南迁，或北移。考古人员的研究表明，"北京人"在周口店居住的时间，从70万年前开始，到20万年前止，长达50万年之久[3]。在这50万年期间，由于多次发生气候变迁，有时比现在寒冷，有时比现在炎热，造成山洞多次被弃置，多次更换人群。根据科学考证，在寒冷期，当时北京地区的年平均气温要比现在低12℃[4]，实际年平均气温接近0℃，比现在哈尔滨还要冷。气温偏高时，年平均气温则比现在高5～6℃。可见历史上气候变化之剧烈。随着气候的冷暖变迁，"北京人"也四处迁移，寻找适宜生活的地方。他们虽然带着火种，能抵御一定的寒冷，但难免有冻死、冻伤的情况[3]7。

三、气候寒冷与火的使用

人类最初使用火未必与气象有必然联系，但是火的使用被强化可以断定与气象有关。火的发现与作用，对人类进化和发展具有突变性的意义，开始的时候，无论是植物还是动物，猿人都是生吃，尤其是动物，往往连毛带血一起吞进肚里。后来，他们看到火山爆发，有火光闪现，打雷闪电的时候，树林里就会起火燃烧。这些天然火，猿人起初还不知道利用，只是偶尔捡到被火烧死的野兽，拿来一品尝，味道不错，渐渐地猿人也学会了用火烧东西吃。现有的材料还无法完全确定人类用火的确切时期。有的学者认为380万年前生活在东非肯尼亚的早期猿人已经开始用火，170万年前生活在中国境内的元谋人开始用火[5]，人类开始摆脱茹毛饮血的时代。

学会用火是人类第一次对自然力量的利用，它大大地改变了猿人的生活。科学家在许多猿人遗址中发现了用火的痕迹，如在北京猿人的山洞里，有些石块被烧成了黑色，还发现有木炭和很厚的灰烬，显然不是野火留下的痕迹。这种现象证明北京人不仅在使用火，而且已经能有意识地对火进行控制。猿人用火不仅可以吃到熟食，而且扩大了食物品种，从而促进了人类体质化学性进化和发展。同时，猿人用火取暖御寒，用来照亮黑暗的洞穴，改造居住条件。有人推测，可能正是火的利用，才使猿人逐渐从温带向寒冷的地区迁居，才使猿人成为非、亚、欧三洲的旅行者。因为早期猿人的化石目前只在东非发现，而晚期猿人生活的领域扩大到了全部非洲、亚洲和欧洲。正如恩格斯说："就世界性的解放作用而言，摩擦生火还是超过了蒸汽机，因为摩擦生火第一次使人支配了一种自然力，从而最终把人同动物界分开"[1]154。由于人工取火的发明，使人类进一步征服漫长的黑夜和严寒，而且人类再可以不再受气候和地域的限制了，能够沿着河流和海岸，散布在大部分地球上。我国著名考古学家贾兰坡说："它标志着向'自由王国'又迈出了一步。如果不是穿上御寒的衣服和学会了人工发火，就不可能在严寒的冰期为了追踪大兽达到了北极圈，并越过白令海峡陆桥进入北美洲”。

四、气候与人类原始文化

人类文化进化是一个相继延续的过程，分析人类文化进化的轨迹，可以发现气象在不同阶段对人类文化演进也具有明显影响。

第一，气象与原始工具。石器和弓箭是原始人类重要技术工具，这两种工具的使用和发展与气象是否有直接联系，未必能找到确切答案。但从原始技术生产力和地质年代或历史时期气候条件分析，也可能作一些推测性的分析。

石器在人类进化和发展史上有着极其重要的地位，考古学家把人类使用石器的时代，称为“石器时代”，并以石器制作水平又分为旧石器时代、中石器时代和新石器时代。根据考古发现，旧石器时代很可能在300万年前或更早就已开始，至15000年前；中石器时代开始于距今15000年至10000年左右；新石器时代开始于距今10000年前[6]。

旧石器时代的时间跨度很长，大约在300万年以前，气候比较温和，在人类居住地区夏冬两季划分并不明显，人类既无着衣御寒的需要，饥饿时可以随手采集得到自然食物。大约从300万年前开始，气候逐渐变冷，大多数不适应寒冷的类人猿因寒冷死亡，有的迁居到温暖低纬地区，只有一些类群学会了在寒冷气候下生存。中国有燧人氏钻木取火的传说，古希腊有普罗米修斯盗火种给人类的神话。这类传说和神话，讲述了火对远古人类生存的意义[7]。从考古物证来看，在旧石器晚时代期，我国距今18000年前的山顶洞人，就已经掌握制造和使用骨针、骨锥、骨片技术，其制作非常精细，很适宜缝制衣服[8]。由此可以推测，那时人类可能已经初步掌握了穿衣防御寒冷的经验，兽皮被缝纫在一起，用作衣服或覆盖房顶[6]26。在旧石器晚期出现的骨针等技术，就是原始人类为战胜寒冷气候的一项工具发明。

中石器时代，地球气候和生态环境发生了显著变化，随着第四纪最后一次冰期逐步结束，冰河开始溶化、冰川逐步后撤、全球气候逐渐转暖，从而引起自然生态的重大变化。欧亚两洲的冰原地区被森林和草原所取代，在非洲全球冰期时的多雨气候转为干旱气候。植被和动物群也发生变化，人类的狩猎对象发生变化，经济活动的内容扩大，江河湖海地区渔猎经济有了发展。但是，由于气候变化，一些巨型有蹄动物有的被灭绝，有的迁移他处，而小型动物开始取得重要地位，原始人在以往工具的基础上，发明了针对射杀小型动物的工具—弓箭。弓箭是一项关键性狩猎武器，它携带方便，射杀力强，是射程较远的重要工具和武器，是中石器时代最重大的一项工具发明。这一时代，肉类成为人类的一般食物，为了追捕猎物，人类适应气候的地域范围也不断扩大。

新石器时代开始于距今 10000 年前，人类发展进入一个崭新阶段。全球气候总的趋势为温和偏暖，并有明显的季节变化。根据气象学家竺可桢的研究，在最近的 5000 年，头 2000 年，气温变化比较平稳，1 月气温比现在高 3～5℃，年平均气温比现在高 2℃以上[2]48。气候变化为农业发展提出了潜势条件，这一时期适应农业生产的石器大量出现，在中国西安半坡遗址中发现了公元前 6000 年的石磨、石锄、石铲、石刀等农业生产工具[6]30。这些高技术水平的石器工具，既是直接适应当时农业生产发展需要的产物，又是间接反映人类适应为气候变化而求得自己发展的证据。

第二，气象与原始知识。劳动在人类进化和发展过程具有决定性意义。恩格斯认为，“首先是劳动，然后是语言和劳动一起，成了两个最主要的推动力，在它们的影响下，猿的脑髓就逐渐地变成了人的脑髓”[1]512。由于生存和劳动的需要，在逐步形成人脑的过程中，逐步积累气象知识经验，也成为人类原始思维的内容。

原始人类在思维能力十分低下时，对气象环境变化和气象灾害发生只具有动物本能的反映，当他们的思维能力随着劳动发展时，对气象环境认识的经验也逐步增加。风雨、雷电、阴晴、日月等自然现象刺激了原始人类思维感觉系统，这些现象并逐步被人类意识所感知和辨别。经过长期的积累，原始人类在地理方面有了惊人的记忆力，他们对自己所居住和活动的地域极为熟悉，甚至对自己曾经去过的远方地形、路线也能留下深刻印象。许多原始人还能根据星辰及其他自然特点辨别方向、方位，如对东、西、南、北的确认。有些原始人还可画出简单的地图、地标。气象与天文知识也是原始人直接经验的结晶。原始人能总结出一些天气变化的规律，可以根据某些迹象预测这些变化，事先做好应对准备。他们能确定肉眼见到的星星的位置，发现它们的细微变动。正因为具有如此敏锐的直接观察能力，原始人才能利用月亮盈亏的周期制定出最早的历法太阴历，提出季节的划分[6]47。

从考古证据看，在以游猎为生的克罗马农人的遗物中，就发现有一些刻有月亮盈亏图像的骨片，这表明在距今3—4万年前，原始人就已经具备了一定的天文知识积累。在中国的阴山岩画、连云港将军崖岩画中，也有日、月、星辰图像，这说明中国古代先民在原始社会后期也掌握了一定天文知识[6]48。由于气象现象比较抽象，在人类文字发明之前，原始人对气象现象是否有记录则不易考证。

第三，气象与原始农业文化。气候转暖为原始农业发展提供了自然前提，而原始农业的发展，促使原始人类开始进行气象知识经验积累。新石器时代，农业、畜牧业的产生使人类的经济以旧石器时代以采集、狩猎为基础的攫取性经济转变为以农业、畜牧业为基础的生产性经济。人类从食物的采集者转变为食物的生产者。这一获得食物方式的转变，改变了人与自然的关系。农业和畜牧业的出现，标志着人类对自然界认识的一个飞跃，标志着人类在生活资料，即食物、衣服、住所以及为此所必需的工具的生产方面，从较多地依靠、适应自然转变为自觉地利用、改造自然。农业、畜牧业的全部生产活动要求人类更多地认识、改造自然界，利用自然资源为人类的经济服务。那时人们也已开始对日月星辰的活动、对水土的特点、气候现象进行观察,积累经验,从而产生初步的天文地理和数学知识,把人类对客观世界的认识推到一个新的高度。

农业革命促使人类生活方式发生根本性的变化。农业生产的周期性劳动,要求人们较长时间居住在一个地方,以便播种、管理、收获。这样,人类从旧石器时代的迁徙生活逐渐转为定居生活。农业革命为以后一系列的社会变革创造了物质基础。在狩猎采集经济新石器时代,随着农业革命发生,人类转入较稳定的定居生活后,出现了聚居的村落并开始建造适于较长时间居住的房屋,这也为人类开始积累一个地方的气候知识提供了可能。我国新石器时代的居民,已懂得选择背坡面水,河谷阶地和沼泽边缘建立村落,以适应生产生活取水用水、适应天气变化的要求。

第四,气象与原始宗教。宗教起源于原始社会,大约形成于旧石器时代后期。考古资料证明,在人类社会形成相当长的时期后,宗教才开始萌芽并逐步发展,原始人类的智力进化和生产力进步成为支撑原始宗教发展的基础,其中各种气象现象也成为原始人类宗教崇拜对象。

自然崇拜是原始社会盛行的宗教形式之一。由于原始生产力水平十分低下,远古原始人的智力和认识能力十分有限,对自然现象,包括气象现象不可能形成正确的理解,对许多自然现象(风雨、雷电)既十分崇拜,又非常畏惧,他们把自然现象看作具有生命和意志能力的对象而加以崇拜。原始社会末期,在各种自然现象作用和刺激下,人类创造出了许多自然崇拜物,如崇拜日月、崇拜风雨、崇拜雷电、崇拜山水等等,无所不包。许多自然气象现象,也启发了早期人类思维的发展,如实施巫术时,最普遍的形式是比拟和模仿,若要天下雨,就用口含水,喷向四方,做出霖雨的象征[6]90。

第五,气象神话与传说。原始社会遗留下来的文化成果之一就是古代神话,从神话中可以推测出原始人类思维状态。中国古代遗留下来上古神话为数不多,但这些可能就是原始人类思维状态的可信证据,而且很多神话都与气象有关。我国古代没有记载气象神话与传说的专著,有关神话与传说只是散见于《山海经》、《庄子》、《列子》、《楚辞》、《淮南子》等文献中,上古气象神话与传说尽管流传下来的不多,但对后世的影响很大。

(1)雨师。据《山海经·海外东经》记载:“雨师妾在其北。其为人黑,两手各操一蛇,左耳有青蛇,右耳有赤蛇。一曰在十日北,为人黑身人面,各操一龟。”[9]

(2)旱魃(一说为旱神)。据《山海经·大荒北经》记载:“有人衣青衣,名曰黄帝女魃。蚩尤作兵伐黄帝,黄帝乃令应龙攻之冀州之野。应龙畜水。蚩尤请风伯雨师,纵大风雨。黄帝乃下天女曰魃,雨止,遂杀蚩尤。魃不得复上,所居不雨。叔均言之帝,后置之赤水之北。叔均乃为田祖。魃时亡之,所欲逐之者,令曰:“神北行!”先除水道,决通沟渎”[9]230。

(3)雷神。据《山海经·海内东经》记载:“雷泽中有雷神,龙首而人头,鼓其腹。在吴西”[9]197。

(4)风伯。即风神,又称风师、箕伯,名字叫作飞廉,蚩尤的师弟。风神信仰起源甚早,《山海经大荒北经》记载,蚩尤作兵,伐黄帝。请风伯雨师,纵大风雨。《周礼大宗伯》以楠燎祀司中司命风师雨师。《楚辞·离骚》有前望舒使先驱兮,后飞廉使奔属。

(5)鲧治水。据《山海经·海内经》记载:“洪水滔天。鲧窃帝之息壤(相传是一种能自己生长的神土)以堙(堵塞)洪水,不待帝命。帝命祝融(传说为火神)杀鲧于羽郊。鲧复生禹。帝乃命禹卒布土以定九州”[9]241。

(6)烛龙。据《山海经·海外北经》记载:“钟山之神,名曰烛阴,视为昼,瞑为夜,吹为冬,呼为夏,不饮,不食,不息,息为风。身长千里。在无启之东。其为物,人面,蛇身,赤色,居钟山下”[9]163。

(7)女娲补天。据《淮南子·览冥训》记载:“往古之时,四极废,九州裂,天不兼覆,地不周载,火爁炎而不灭,水浩洋而不息,猛兽食颛民，鸷鸟攫老弱，于是女娲炼五色石以补苍天，断鳌足以立四极。杀黑龙以济冀州，积芦灰以止淫水。苍天补，四极正，淫水涸，冀州平，狡虫死，颛民生”[10]。

(8)夸父逐日。据《山海经·海外北经》记载：“夸父与日逐走(赛跑)，入日(接近太阳)。渴，欲得饮，饮于河、渭；河、渭不足，北饮大泽。未至，道渴而死。弃其杖，化为邓林(桃林，今河南灵宝县境内)”[9]165。

(9)羿射九日。据《淮南子·本经训》记载：“尧之时，十日并出，焦禾稼，杀草木，而民无所食。猰貐、凿齿、九婴、大风、封豨、修蛇，皆为民害。尧乃使羿诛凿齿于畴华之野，杀九婴于凶水之上，缴大风于青丘之泽，上射十日而下杀猰貐，断修蛇于洞庭，禽封豨于桑林。万民皆喜，置尧以为天子”[10]125。有专家认为，羿这个字从造字结构来看，本身就有弓箭的意思，是向天上飞的意思。后羿射日的原意是用弓箭射太阳，表示对太阳的仇恨。

上古时代还有许多与气象有关传说。如(1)有巢氏，中国上古传说人物、氏族，传说中华初民穴居野处，受野兽侵害，有巢氏教民构木为巢，以避野兽，从此人民才由穴居到巢居。庄周说：“古者禽兽多而人民少，于是有巢氏民皆巢居以避之，昼拾橡栗，暮栖木上，故命之曰有巢氏之民。”(见《庄子·盗跖》)韩非说：“上古之世，人民少而禽兽众，人民不胜禽兽虫蛇，有圣人作，构木为巢以避群害，而民悦之，使王天下，号曰‘有巢氏’。”(见《韩非子·五蠹》)有巢氏是传说远古发明巢居的人。这一传说反映了我国原始时代由穴居而进入巢居的情况。据我国最早的文献《周易·系辞》载曰：“上古穴居而野处，后世圣人易之以宫室，上栋下宇，以待风雨”[11]。

西汉时期陆贾著《新语》记有：“天下人民，野居穴处，未有室屋，则与鸟兽同域。于是黄帝乃伐木构材，筑作宫室，上栋下宇，以避风雨。”南宋所著《路史·疏仡纪·黄帝》记有：“乃广宫室，壮堂庑，高栋深宇，以避风雨。作合宫，建銮殿，以祀上帝，接万灵。”黄帝时代筑城修堡，建造宫室，大大改进了人们的居住条件，也是一大进步。黄帝时期已经建筑房屋,甚至有宫殿式的建筑,甘肃大地湾发现距今5000年的宫殿式的大面积建筑遗迹,就是有力的证据,可见我国古代建筑开辟了人类建筑业的先河

(2)伏羲,是中华民族敬仰的人文始祖,居三皇之首,生于陇西成纪(今甘肃天水市),传说伏羲坐于方坛之上,听八风之气,乃做八卦。伏羲仰观天上的云彩、下雨下雪、打雷打闪,看地上会刮大风、起大雾又观察飞鸟走兽,根据天地间阴阳变化之理,创造了八卦,即以八种简单却寓意深刻的符号来概括天地之间的万事万物。

伏羲八卦从8000年前流传至今,原貌未变,内含丰富,至今还在起作用,世界仅有。这是我国古代先民智慧的结晶,是我国先民步入文明的重要标志。伏羲也是我国人文科学的创始人。

(3)燧人氏与神农,传说火是燧人氏'钻木取火"。燧人氏什么时候发明钻木取火,这无法考证。但中国先民对火的使用起码有几十万年甚至上百万年的历史。据考古发现,在许多新旧石器时期的遗址中,都发现有灰坑、灶坑,这就说明人类对火的使用已经很久了。

神农炎帝时期,发明"刀耕火种",这对火的运用又迈进了一大步,使人类进入农耕社会。所以"炎帝氏以火纪,故为火师而火名"(见《左传·昭公十七年》)。在大地湾遗址发现有8000年前的灶坑,还有防火的房柱,用泥保护,而且烧制的陶器十分美观,可见中国原始人类对火的使用,有了更高一步的意识和技能。

(4)大禹治水,在公元前21世纪前的尧舜时代,传说在黄河流域发生大洪水。为制止洪水泛滥,尧召集部落首领会议,举鲧负责平息洪水灾害。据《国语·鲁语下》记载:"鲧障洪水",采取水来土挡的方法,治了九年,没有成功,受到制裁。舜继尧位后,又举鲧的儿子禹继承父业。

第六,史前气象水文遗迹。据史前的水文考古,距今约六千年前,半坡人定居在今陕西西安城东6千米处的半坡村。该处为河流二级阶地,下距河流较近,饮水方便,又有一定高度,不易被一般

洪水所淹没，周围地形平坦，土地湿润肥沃，易于耕作，出入方便。证明半坡人选择居住地时，对旱涝洪水变化的认识已比较清楚。

据《水经注》卷十五·洛水载："昔黄帝之时，天大雾三日，帝游洛水之上，见大鱼，煞五牲以醮之，天乃甚雨，七日七夜，鱼流始得图书，今《河图·视萌篇》是也。"这是传说中中国最早的一次暴雨洪水记载。

2003年，我国考古人员在山西尧都陶寺祭祀遗址（公元前21世纪）考古发掘中，发现迄今所知世界上最古老的观象台。它由13根夯土柱组成，呈半圆形，半径10.5米，弧长19.5米。从观测点通过土柱狭缝观测塔尔山日出方位，确定季节、节气，安排农耕。考古队在原址复制模型进行模拟实测，从第二个狭缝看到日出为冬至日，第12个狭缝看到日出为夏至日，第7个狭缝看到日出为春、秋分。古观象台遗址在今山西省襄汾县陶寺镇境内。

《尚书·虞书·尧典》记载，尧帝命令羲氏与和氏，敬慎地遵循天数，推算日月星辰运行的规律，制定出历法，敬慎地把天时节令告诉人们。分别命令羲仲，住在东方的旸谷，恭敬地迎接日出，辨别测定太阳东升的时刻。命令羲叔，住在南方的交趾，辨别测定太阳往南运行的情况，恭敬地迎接太阳向南回来。白昼时间最长，东方苍龙七宿中的火星黄昏时出现在南方，依据这些确定仲夏时节。命令和仲，住在西方的昧谷，恭敬地送别落日，辨别测定太阳西落的时刻。昼夜长短相等，北方玄武七宿中的虚星黄昏时出现在天的正南方，依据这些确定仲秋时节。命令和叔，住在北方的幽都，辨别观察太阳往北运行的情况。白昼时间最短，西方白虎七宿中的昴星黄昏时出现在正南方，依据这些确定仲冬时节。

《史记·五帝本纪》也有相同记载，即载曰："乃命羲、和，敬顺昊天，数法日月星辰，敬授民时。分命羲仲，居郁夷，曰旸谷。敬道日出，便程东作。日中，星鸟，以殷中春。其民析，鸟兽字微。申命羲叔，居南交。便程南为，敬致。日永，星火，以正中夏。其民因，鸟兽希革。申命和仲，居西土，曰昧谷。敬道日入，便程西成。夜中，星虚，以正中秋。其民夷易，鸟兽毛毨。申命和叔，居北方，曰幽都。便在伏物。日短，星昴，以正中冬。其民燠，鸟兽氄毛。岁三百六十六日，以闰月正四时。信饬百官，众功皆兴”。

第二节　中国古代气象科技演进

根据历史学划分，把从公元前21世纪至公元1840年之间历史划为古代，其中把公元前21世纪至公元前221年之前的历史时期称为先秦时期(即秦代统一中国之前)。本书所指的中国古代气象是指公元前21世纪(夏代起)至公元1840年之间古代先民从事的气象科学技术活动，相应地也把公元前21世纪至公元前221年之前称为先秦时期的气象科技活动。

一、先秦时期气象科技

我国古代气象观测活动，相传公元前3000多年黄帝时代就设有专人从事气候观测。据《史记·历书》记载：“神农以前尚矣。盖黄帝考定星历，建立五行，起消息，正闰余，于是有天地神祇物类之官，是谓五官。各司其序，不相乱也。”这里说明了古代观象活动起源很早，历书在神农氏炎帝前就已经有了，黄帝又重新制定并规范。据《尚书·尧典》记载，尧帝时，“乃命羲和，钦若昊天，历象日月星辰，敬授人时”。

在夏代，古代先民在生产和抗灾实践中就积累了较多气象知识经验，促进了早期气象、天文、农业等科学技术的发展。据传《夏小正》是我国最早的历史文献之一，也是我国最早的农业气象文献，它集物候、观象授时法和初始历法于一体，相传是夏代使用的历书，它将1年分为12个月，并载有一年中各月份的物候、天象、气象和农事等内容，同时依次载明了每月的星象、动植物的生息变化和应该从事的农业活动，全文记载气候、物候、天象、农事、生活等共计达124项。

商代出现了大量从事气象占卜活动记录。在现存的甲骨卜辞中，关于雨、云、风、雷、虹、雪、雹、晕、霾等气象现象的文字记载很多。其中多为反映当时占测天气现象的内容，有的卜问短期天气，也有卜问10天或10天以上的长期天气。商代设立有“巫、多卜、占、作册”等官职。商代对气象的卜事范围非常广泛，不仅贞卜短期内的晴、雨、风、雷、雹，而且非常重视贞旬、卜旬（询问和占卜10天的气象预报），当时已有季节、八方位等概念。

西周时，开始设立观象台，陕西户县秦渡古镇现存周文王灵台遗址，距今3100年。据传今河南登封古观象台也为周公设置。周代开始已用土圭定方位。据记载，周代预测天气已经总结出十种方法，时称“十辉之法”，比较系统地总结了根据自然光象变化预测天气变化的方法。在《诗经·幽风·七月》中记有一年各月物候现象和知识，已有天气谚语和气候谚语的记载。

春秋战国时期，开始出现对气象活动规律的探索，特别在农业、医疗和军事等方面非常重视气象经验总结和知识应用。如《管子·幼官》中记有三十节气系统，春秋两季各8节、两季各96天，冬夏两季各7节、两季各84天，每个节气12天。《礼记·月令》（有的说是战国时的作品，也有专家认为可能是汉代人杂凑撰集的一部儒家书）是我国古代最早的有关气候、物候和农候季节关系的重要文献，它主要以月为单位，叙述了十二个月不同的星象 、物候、气象所对应的五行，以及国君依照季节的更迭所应举行的祭祀活动和颁行政令，劳动人民主要用以指导从事农业生产。在先秦形成的《逸周书·时训解》中，开始把一年分为七十二个五天，每个节气为三个候，每节每候都有相应的物候现象。战国后期，在秦国编纂的《吕氏春秋》中，对各月气候、物征特征进行了全面总结，并对雨云、旱云进行了简单分类，反映了当时人们对基本气候规律的认识达到较高水平。

二、秦汉至明清气象科技

从秦代至清代历时2100余年，我国古代气象科技发展经历了汉代发展高峰时期，在汉代以后和近代气象科技产生之前总体上再没有取得突破性发展，但在不同历史阶段，在汉代基础上有所完善和发展。在近代气象科学产生之前，我国古代气象科技活动一直处于世界领先地位。

秦汉时期，是我国古代气象科学技术发展最繁荣的时期。秦代实行全国大统一后，已出现各地需向中央上报雨情的法律制度，据《秦律十八种·田律》记载，凡谷物抽穗时下雨，雨后应书面报告有抽穗谷物和未种谷物的受雨田亩数。庄稼生长后，如下了雨，也应报告雨泽多少和受益的田亩数。如有干旱、暴风雨、水潦、虫害等灾，也要报告受灾田亩数，报告必须在八月底前送到。

汉代在总结气候规律和对气象科学认识上有重大发展。在《淮南子》中，首次列有与现代名称完全相同的二十四节气名，距今2100多年，一直沿用到今天。王充在《论衡》中对云、雨、雾、露、雷电、虹晕等许多天气现象的形成从自然观进行了比较科学的解释。后汉的《风俗通义》中提出了梅雨、信风等名称。

汉代气象观测技术和预测均有新的发展。据《淮南子》记载，当时已有一种叫“伣”(xiàn)或“綄”(huǎn 缓)的风向器记载，还有利用悬土炭测量湿度的记载。张衡在132年创造了世界上第一架观测风向的仪器——相风铜乌，或叫“候风鸟”。在《后汉书·律历志》载有“听乐均，度晷景，候钟律，权土炭，效阴阳”等根据空气湿度变化预测天气方法。汉代对各种气象现象形成有许多科学探讨，如王充在《论衡》中对许多气象现象力图从自然科学解释，其中指出雷电形成与太阳热力、季节有关。汉代开始出现有大量气象占测书籍，其中比较有影响的，如京房的《易飞候》、崔寔的《农家谚》。

汉代天文气象机构已经出现专业分工。《西汉会要》记载，太常属官有太史令，具体负责天文气象，其属下有大典星、治历、望气、望气佐等官员，负责天文气象工作[3]141。汉代有建章宫和灵台两处观天观象场所，前者为王者亲自观天场所，后者为天文气象专职人员观测处。

三国时期以后，我国古代气象预测的经验不断丰富，应用气象知识经验总结十分广泛，一些预测天气和记述气象现象的书籍大量增加。三国时期赵君卿所注《周髀算经》中，从理论上说明了二十四节气与太阳运行的关系。魏晋南北朝时期，占候术进入兴盛时期，据《隋书·经籍志》记载，魏晋南北朝时期形成的占候书籍有《风角总集》12 卷、《风角要集》11 卷、《风角望气》8 卷，风雷集等其他气候占 10 多卷。在《三国志》和《魏书》中开始出现记录有许多著名的占候师。农业气象知识也有新的发展，北魏贾思勰《齐民要术》集当时农业气象之大成，提出了熏烟防霜及积雪杀虫保墒的办法。南朝沈怀远《南越志》最早提到台风，当时称为“飓风”或“惧风”。南朝梁宗懔《荆楚岁时记》提出冬九九为一年最冷期。

隋唐五代时期，人们对气象的认识和观测有一些新的发展，特别重视测天候气文献汇集和整理。隋代杜台卿《玉烛宝典》，为月令的书，按月摘录隋以前各书所载节气、政令、农事、风土、典故等，保存了不少农业气象佚文。唐代非常重视测风，当时的测风仪器有相风旌、羽葆、木乌、风向鸡、占风铎等。唐初天文学家李淳风的《乙巳占》，载有相风木乌的构造，安装及用法，书中记有根据风对树木的影响，订出八个风力等级，这与此 1804 年英国人蒲福所定风力等级相近，但时间早达 1100 多年。在预测天气方面，流传比较广泛的有唐代黄子发的《相雨书》，收集了唐以前的许多民间观测天气的经验，具有较高的实用价值，对后世影响较大。

宋元时期，在对气象现象科学认识上有一些新的拓展，也是我国古代气象知识广泛应用的时期。北宋沈括是这一时期杰出科学家代表，他所著《梦溪笔谈》对气候和物候学有不少创见，书中涉及气象及节气历法的内容多达 25 则，其中有峨眉宝光、闪电、雷斧、虹、登洲海市、羊角旋风、竹化石、瓦霜作画、雹之形状、行舟之法、垂直气候带、天气预报等气象知识的记载。在军事气象知识应用影响比较大的有北宋曾公亮、丁度编纂的《武经总要》，这是北宋王朝利用国家力量来编辑的一部大型综合性兵书，其中收录有气候占候的内容，占候篇主要包括有天占、地占、五行占、太阳占、太阴占、日辰占、云气占、气象杂占等，预测内容比较混杂，既有预测天气的内容，又有根据天气条件预测战争胜负。南宋陈元靓的《岁时广记》有四十二卷，博采宋代以前的时令典籍，对一些气象问题进行专题归纳，体例较为繁杂，但书中保存了一些其他典籍比较难见气象材料，如杏花雨、桃花水、凌解水、黄梅雨、送梅雨、落梅风、黄雀风等说法的来源。南宋吕祖谦对物候观察记录，是世界上现存最早的凭实际观测获得的记录资料。南宋秦九韶在《数书九章》中提出了测雨计算方法，是世界上最早的雨量观测科学理论。元代朱思本的《广舆图》，不仅是一本地理学名著，而且也有气象预测的内容，书中《占验篇》将江南及东南沿海渔夫相传的占候经验进行了辑录，并加以韵语化，使之更利于记忆和传播。

明代气象科学技术活动还是停滞于古代经验性总结，但也形成了一些具有较大影响典籍。如明初娄元礼的《田家五行》，是一部系统性的天气谚语专集，收集了元代以前各地的民间测天经验，在我国古代气象科学史上有较高地位，其谚语在民间流传甚广，影响很大，有些天气谚语至今一些地方还在传播。明末徐光启编著的《农政全书》卷之十一《占候》篇，按正月至十二月，每月都按关键农事和季节记载占候，并按天文、气象要素、地理山水、草木花草、鸟兽鳞鱼等进行占候及气象、气候对农业的影响，在总结前人成就的基础上，有切合生产实际的论述，许多气象预测预报农谚至今还在民间广泛流传。明朝末年，意大利传教士高一志（化名）来到中国，同时把西方文化传入中国，他与韩云合撰《空际格致》，介绍了气象现象及其特征和形成原理，是最早介绍当时欧洲气象知识的专著。熊明遇在《格致草》一书中曾依西洋科学原理，辨析自然界变化与历史上所载灾异及风、云、雷、雨等气象现象之所由，他设计的《日火下降、旸气上升图》，用一张图系统说明对流天气的形成。

在清代西方气象科学技术大量传入中国，特别是定量大气观测技术与方法的传入，对我国气象科学技术产生了一定影响。乾隆八年(1743年)，法国传教士在北京设立测候所，是我国最早的气象仪器观测站。发明家黄履庄设计制造了能分辨气候、验测药性、预报晴阴的验冷热器和验燥湿器(即温度计和湿度计)。魏源在编撰的《海国图志》中记述了气候带划分及地球各处昼夜不均衡的科学原理，阐述了空气、风、雷电、水、潮流等自然现象的科学成因，对大气的物理属性进行了科学介绍。但总体而言，在清代前期(至19世纪中叶，1840年前)，我国气象科学技术水平已远落后于当时的西方。

第三节　中国古代气象成就

中国古代气象科学技术具有很高的成就，古代的一些政治家、思想家、科学家、史学家、医学家和军事家都可能通晓一定的天文和气象知识，并用掌握的天文和气象知识去解释和分析许多相关的社会现象，各个历史时期都有较高成就的代表性成果。在近代气象科学技术产生以前，我国古代气象科学活动一直处于世界先进地位，在对气象规律探索、气象知识应用方面都取得了很高成就。

一、重要气象技术成果

东汉科学家张衡在公元132年创造了世界上第一架观测风向的仪器——候风仪，即在五丈高的杆顶上安装一只衔着花的铜鸟，可以随着风转，鸟头正对着风来的方向，欧洲到12世纪才有候风鸟的记载，比张衡晚了1000多年。唐代科学家李淳风最早划分了8个风力等级，他划分的风力等级表，比英国海军大校费郎西斯·

蒲福1805年拟定的风力等级早1160年。南宋数学家秦九韶著《数书九章》,书中所述“天池测雨、圆罂测雨、峻积验雪、竹器验雪”等降水量测量和计算科学严谨,他成为世界上最早为雨量测量奠定科学理论基础的科学家。清代发明家黄履庄设计制造了验冷热器和验燥湿器(即温度计和湿度计),能分辨气候、验测药性、预报晴阴,他应用“琴弦缓”的测湿原理,用鹿肠线制造成悬弦式湿度计,在他发明验燥湿器百年后,瑞士人霍·索修尔于1783年才发明了毛发湿度计。

二、气候基本规律认识

二十四节气,是我国独创的农业气候历,是对中国中原地区气候规律形成的科学性总结与认识。二千多年来,一直对指导农业生产中发挥着重要作用,直到现在仍在广大农村流传和沿用。二十四节气,基本反映了黄河中下游地区的农业气候特征,对指导我国古代农业经济生产发挥了重大作用,它对中国古代农业文明所作出的重大贡献不亚于四大发明。古代二十四节气的形成经历了长期实践总结。早在周末春秋战国时代,就形成了春夏秋冬四季和年的时间概念,冬至、夏至在战国时期以前称作“日南至”、“日北至”,表明冬至是一年中日在南最低位置的一天,日影最长;夏至是日在南最高位置的一天,日影最短。随后人们根据月初、月中的日月运行位置和天气及动植物生长等自然现象,把一年平分为二十四等份,并给每等份取了一个最能反映当时气候和物候特征的专有名称,这就是二十四节气。在战国后期成书的《吕氏春秋》中,就有了立春、春分、立夏、夏至、立秋、秋分、立冬、冬至等八个节气名称,清楚地划分出一年四季时间界线。到汉代《淮南子》一书就确定了与今天完全一样的二十四节气名称。

准确预测气候变化直到今天也是比较难以解决的重大自然科学难题,但古人从日与地的天文关系来预测年度气候循环,无疑是一项十分了不起的伟大创造和重大科学发现。如果从气候预测的角度来科学认识二十四节气，并制订了四时、八节、七十二候的季节划分，用现代语言表达就是相当于气候预测月历，对指导农业生产的意义尤其重大。二十四节气是我国古代劳动人民在长期农业生产实践中，不断总结和探索，逐渐掌握季节变化规律重大成果。二十四节气抓住了气候温、雨、日照三个关键要素：(1)反映气温的节气有立春、立夏、小暑、大暑、立秋、处暑、立冬、小寒、大寒九个节气，它们反映了不同季节的开始与气温变化。有统计认为，其中立春、立冬、立夏对黄河中下游地区这一天的平均气温具有明显的指示意义。(2)反映降水的节气有雨水、谷雨、白露、寒露、霜降、小雪、大雪七个节气，大部分在春播和秋播季节，强调水分对农业生产的重要作用。雨水节气表示降雨开始和雨量开始增多两个含义，在这些节气中白露、寒露和霜降虽是降水现象，但温度的意义也很重要，也可以作为表示降温程度的节气。(3)反映日照变化的节气有春分、夏至、秋分、冬至，“二分”反映了日照时间与夜间时间一般长，夏至日照时间最长，冬至最短，“二分”之间是农业生产最繁忙的时候。

三、气象知识应用

在中国古代，先民很早就把已经掌握的有关气象知识和成果应用于农业、医疗、建筑、军事、交通等领域，并形成了丰富的应用气象知识和经验，对中国古代经济发展、社会进步发挥了重要作用。

气象应用于农业。古代非常重视气候与农事的关系，战国时孟轲提出了“不违农时，谷不可胜食”的思想，荀况有“春耕、夏耘、秋收、冬藏四者不失时，故五谷不绝，而百姓有余食也”的论述，均说明了当时对农时之重视。在形成于战国末年的《吕氏春秋》中载有许多关于农业气象知识的著述，记述了先时、得时、后时和失时对有关作物生长、发育、产量和品质的影响。秦汉以后，对农业气象应用广泛散见于古代农书著作之中，其比较有影响的，如汉代的《氾胜之书》、南北朝时期《齐民要术》、宋代的《陈敷农书》、元代的

《王祯农书》、明代的《农政全书》、清代的《授时通考》等。这些著作中大量记载有农业气象知识，如《氾胜之书》在总结春耕、夏耕和秋耕的适耕期时，指出"以时耕田，一而当五，名曰膏泽，皆得时功"；"五月耕，一当三，六月耕，一当再；若七月耕，五不当一"。又如《齐民要术·耕田》指出："初耕欲深，转地欲浅"，"秋耕欲深，春夏欲浅"，"不问春秋，必须燥湿得所为佳，若水旱不调，宁燥不湿"。《王祯农书》、《农政全书》等文献中对不同季节和月份的农事播种和栽种涉及的品种更多，几乎对当时大部分农业品种的种熟季节时间进行了具体描述。除此之外，古代农业气象技术在区田、防旱、防涝、防霜等方面多有论述。

气象应用于医疗。中医学从一定意义上讲，是研究人体和精神与外界自然、社会环境统一性的知识体系。中医学十分强调一年四季、一日四时气候变化和风、热、火、湿、燥、寒不同气象要素、不同气候季节和气象环境对人体的健康影响，并经历了一个漫长的发展过程，逐步形成了完整的理论体系。秦国人医和已将"阴、阳、风、雨、晦、明"六种天气的反常作为起病的重要外部原因，并以此对病人进行诊断和治疗。《左传·昭公元年(公元前541)》记载："六气"曰："阴、阳、风、雨、晦、明也，分为四时，序为五节，过则为甾"，阴过则生寒病，阳过则生热病，风堵塞度则生麻痹症，雨过则肠胃病，晦过则生心乱病，明过则疲病。《黄帝内经》，以阴阳哲学思想为指导，以"五运(木、火、土、金、水等五行之气的运行)"为"地气"，以"六气"(风、热、火、湿、燥、寒)为"天气"，系统阐述了"五运六气"对人体疾病的关系及其影响，形成了包括生理病理、预防诊断、临床治疗有机结合的系统的古代气象医学医疗理论，其中四季、四时和二十四节气、七十二候在我国医学中成为生理病理研究的时辨依据。

气象应用于建筑。我国民间建筑有许多环节多与气象有关，特别因受季风气候影响，古代先民一直比较重视选择安全、舒适、方便、吉利的居室气候环境，从而创造了丰厚的建筑气象文化。建筑起源于适应气象条件的记述，我国最早的文献《周易·系辞》载曰："上古穴居而野处，后世圣人易之以宫室，上栋下宇，以待风雨"。至战国《韩非子·五蠹》有曰："上古之世，人民少而禽兽众，人民不胜禽兽虫蛇，有圣人作，构木为巢，以避群害，而民悦之，使王天下，号之曰有巢氏"。在《墨子·节用》记载曰："古者人之始生，未有宫室之时，因陵丘堀穴而处焉。圣人虑之，以为堀穴曰：'冬可以辟风寒'，逮夏，下润湿，上熏烝，恐伤民之气，于是作为宫室而利"；宫室，"其旁可以圉（抵御）风寒；上可足以圉雪霜雨露"。中国古代建筑非常讲究避阴趋阳、藏风聚气、居景相融的思想，对气象条件讲究阴阳平衡，温凉、光照、干湿适中，包括山脉、水流、朝向、建筑物大小都要与地形气候协调，使人与建筑适宜于自然，回归自然，返璞归真，天人合一。因气候条件制宜的文化思想体现在民居建筑用材、造型、选址、朝向和附属建筑等多个方面。除此之外，中国古代建筑还十分重视营造微气候环境，其中最重要的是选择建筑朝向，古代民居选择坐北朝南，不仅是为了采光，也是为了避开北风。南风温和，北风寒冷，古人早已认识到人体健养需要趋温避寒。除选择居宅朝向外，还包括开门、开窗、宅高、进深、墙体、横屋、连屋、天井、庭院、屋顶坡度、照壁、屏风、气孔、回廊、走廊等建筑配置，这些措施大大改善了古代先民微气候环境，有益于增进居住者的身心健康。

气象应用于军事。古代先民在长期的军事斗争中认识了一些天气现象对军事活动的影响，并总结形成了用于指导战争的军事气象知识和经验，在我国许多兵书中都有专门论述天候、地理、阴阳、占卜的内容，其中包含了大量古代朴素的军事天文知识和军事气象知识。如《孙子兵法》认为："天者，阴阳，寒暑，时制也"，"天时、地利、人和、三者不得，虽胜有殃。"宋代《武经总要》，是我国第一部官修兵书，其中收录有气候占候的内容，占候篇主要包括有天占、地占、五行占、太阳占、太阴占、日辰占、云气占、气象杂占等，以为当时的军事行动提供天气预测。明代《武备志》是中国古代兵学宝库中的一部规模最大、篇幅最多、内容最全面的兵学巨著，被兵学家誉为古典兵学的百科全书，反映了当时人们对天文、气象的一些朴素认识。书中收集了大量的预报天气、预测气候的方法和经验。在整个冷兵器时代，预测和掌握天文、气象和地理知识和技术，以利战争指导，是每位将帅必须具备的素质。

气象应用于政治。中国是一个农业文明古国，古代农业问题就是中国古代最大的政治，恩格斯说"农业是整个古代世界的决定性的生产部门"，而农业又受制于气象变化，因此气象一直受到古代政治的重视。如在《月令》中，早就提出了按季节施行政令的办法，把不违农时当作一件大事，如"孟春之月，天气下降，地气上腾，天地和同，草木萌动，王命布农事"，把农业生产的一年之际在春描述得非常生动[3]94。《管子》说："天时不祥，则有旱灾；地适不宜，则有饥馑；人适不顺，则有祸乱"。战国时期孟子从政治的高度提出了不违背气象规律，国计民生就有可靠保证，如《孟子·梁惠王章句上》中提出"不违农时，谷不可胜食也。斧斤以时入林，林木不可胜用也"[12]。荀子是中国古代一位杰出的思想家，他非常明确地提出了国家政治要高度认识气象季节和气象灾害问题，在《荀子·王制》篇中提出了"春耕、夏耘、秋收、冬藏四者不失时，故五谷不绝而百姓有余食也"，"圣王之用也，上察于天，下错于地，塞备天地之间，加施万物之上"，讲的就是圣人的功用是上察天时气象，下要安置地上万物。在《荀子·富国》篇中向统治者提出了"罕兴民力，无夺农时，如是则国富矣"，"岁虽凶败水旱，使百姓无冻饿之患，则是圣君贤相之事也"[13]。先秦时期的这种从政治上重视气象的思想一直影响到中国整个封建社会，延绵2000多年。关于气象灾害与国家政治兴亡，中国古代也早已经有过研究，如《国语·周语》—"西周三川皆震伯阳父论周将亡"篇曰："昔伊、洛竭而夏亡，河竭而商亡。今周德若二代之季矣，其川源又塞，塞必竭"，"山崩川竭，亡之征也"。根据伯阳的预见，果然在那一年泾、渭、洛三川涸竭。第十一年西周灭亡东迁。

四、气象科学认识

中国在春秋战国时期或者更早就出现了从自然观来探索气象现象，至秦汉时期对气象现象的科学认识有了新的发展。

中国古代很早就试图探索云雨形成的原理。如《黄帝内经》认为："地气上为云，天气下为雨；雨出地气，云出天气"。《大戴礼记》说："阴阳之气，各从其所，则静矣。偏则风，俱则雷，交则电，乱则雾，和则雨。阳气胜则散为雨露，阴气胜则凝为霜雪。阳之专气为雹，阴之专气为霰。霰雹者，一气之化也"。东汉王充在《论衡·明雩篇》认为"云雨者，气也"。

中国古代对云、雨、雾、露现象的关系也形成了一些重要认识。如董仲舒在《雨雹对》中说"气上薄为雨，不薄为雾，风其噫也，云其气也"。《论衡·说日篇》指出："雨露冻凝者，皆由地发，不从天降也"，"夫云出于丘山，降散则为雨矣"，"雨从地上，不从天下，见雨从上集，则谓从天下矣，其实地上也"，"夫云则雨，雨则云矣。初则为云，云繁为雨"，"云雾，雨之微也。夏则为露，冬则为雾，温则为雨，寒则为雪。雨露冻凝者，皆由地发，不从天降也"，又说"雨之出山，或谓云载而行，云散 水坠，名为雨矣。夫云则雨，雨则云矣，初出为云，云繁为雨。犹甚而泥露濡污衣服，若雨之状。非云与俱，云载行雨也"。

对风的形成解释。董仲舒在《春秋繁露·五行对》曰："地出云为雨，起气为风，风雨者，地之所为"，王充《论衡·感虚篇》说："夫风者，气也"。虹、晕的形成解释，《论衡·变动篇》说："白虹贯日，天变自成，非轲之精为虹而贯日也"，《梦溪笔谈·异事》说："虹乃雨中日影也，日照雨则有之"，朱熹在《朱子语类》中有"虹非能止雨，而雨气至是已薄，亦是日色射散雨气"。

对天降谷雨"形成的认识。王充认为"夫谷之雨，犹复云布之亦从地起，因与疾风俱飘，参于天，集于地，人见其从天落也，则谓之天雨谷"，又说"建武三十一年(公元 55 年)中，陈留雨谷，谷下蔽地也。案视谷形，若茨而黑，有似于稗实也。此或时夷狄之地，生出此谷。夷狄不粒食，此谷生于草野之中，成熟垂委于地，遭疾风暴起，吹扬与之俱飞，风衰谷集，坠于中国。中国见之，谓之雨谷”。

清代游艺在《天经或问》中已用类似于热量及热力学原理来阐明水分循环机制，《天经或问·地》中说道：“日为火主，照及下土，以吸动地上之热气，热气炎上，而水土之气随之，是水受阳嘘，渐近冷际，则飘扬飞腾，结而成云。……冷湿之气，在云中旋转，相荡相薄，则旋为千百螺髻，势将变化，而万雨生焉。雨既成至，必复于地，譬如蒸水，因热上升，腾之作气，云之象也。上及于盖，盖是冷际，就化为水，便复下坠。云之行雨，即此类也。”

参考文献

[1] 恩格斯. 自然辩证法. 马克思恩格斯选集. 第 4 卷第 280 页、第 3 卷第 514 页、第 154 页、第 512 页、第 4 卷第 145 页. 北京：人民出版社. 1976.

[2] 谢世俊. 天地沧桑. 第 42 页、第 48 页. 北京：气象出版社. 1998.

[3] 温克刚. 中国气象史. 第 7 页、第 7 页、第 141 页、第 94 页. 北京：气象出版社. 2004.

[4] 徐仁. 中国猿人时代的北京气候环境. 中国第四纪研究. 4 卷 1 期，1965.

[5] 张传玺. 中国通史讲稿. 第 2 页. 北京：北京大学出版社. 1982.

[6] 张艳玲等. 世界通史. 第 1 卷第 20—28 页、第 26 页、第 30 页、第 47 页、第 48 页、第 90 页. 北京：中国致公出版社，2001.

[7] 张家诚. 气象与人类. 第 236 页. 郑州：河南科学技术出版社. 1988.

[8] 白寿彝. 中国通史纲要. 第 32 页. 上海：上海人民出版社. 1980.

[9] 无名氏. 山海经. 第 174 页、第 230 页、第 197 页、第 241 页、第 163 页、第 165 页. 北京：华夏出版社. 2005.

[10] [汉]刘安. 淮南子. 第 101 页、第 125 页. 北京：华龄出版社. 2002.

[11] 吴兆基编译. 周易. 第 262 页. 长春：时代文艺出版社，2001.

[12] 杨伯峻. 孟子译注. 第 5 页. 北京：中华书局. 1984.

[13] 蒋南华. 荀子全译. 第 183、177、157 页. 贵阳：贵州人民出版社. 1995.

第二章　古代气象观测

我国天文气象观测源远流长，在原始社会末期就出现了天文气象观测的萌芽，是世界上天文气象观测起步最早、经验最丰富的国家。我国古代天文气象观测为古代天文气象科学活动的发展做出了重大贡献，也为现代天文气象学发展提供了借鉴。

第一节　古代气象观测概述

一、古代气象观测演进

在中国古代，天文气象是融合一起的科学活动，观察天象、地象、气象是中国先民最早从事的科学活动之一。从今天发掘的仰韶文化遗迹看也得到一些证实，当时已有描绘太阳形象的图绘，这可以说明古代先民已经注意到太阳变化对地球天气气候的影响。

相传在黄帝时代，就设有天象气候观测，至帝尧时代，设立有专门掌管天文和气象的官职。据《尚书·尧典》记载，尧帝时，“乃命羲和，钦若昊天，历象日月星辰，敬授人时”[1]，晋代葛洪在《抱朴子·卷三·对俗》有曰，昔“帝轩候凤鸣调律，唐尧观蓂荚以知月，鱼伯识水旱之气”。陶寺古观象台遗迹的发现，证实了《尚书·尧典》上所说的“历象日月星辰，敬授人时”的真实历史背景，是对中国远古时期天文气象历法研究重要的实物例证。

从考古发现的陶寺文化遗址看，处于黄河中游的山西省西南夏地墟的范围内，从地望和出土文物联系起来看，陶寺龙山文化即尧舜禹时期，与尧舜夏地墟有紧密的联系，根据考古发掘，在尧都陶寺祭祀遗址（公元前 21 世纪）中发现迄今所知世界上最古老的观象台，它由13根夯土柱组成，呈半圆形，从观测点通过土柱狭缝观测塔尔山日出方位，确定季节、节气，安排农耕，这为探讨尧、舜、禹时期天文气象观测的史提供了重要实证资料。据《史记·五帝本纪》帝尧时有关季节观测记载："日中，星鸟，以殷中春"；"日永，星火，以正中夏"；"宵中，星虚，以殷中秋"；"日短，星昴，以正中冬"[2]，即以观测鸟、火、虚、昴四颗恒星在黄昏时出现在正南方的日子，来定出春分、夏至、秋分和冬至，以此来划分一年四季。

夏商时期，有关先民从事气象观测活动的直接记载或考证资料甚少，但从一些遗存的历史文献中可以推断，这一时期的气象观测活动已经出现职业化的迹象。《夏小正》是我国现存最古老的文献的之一，据传为夏时的历书，成书可能在商代或商周之际，最迟也在春秋前，书中记载了一年十二月的物候、气候、星象和有关重大政事，特别是有关物候和气候记载，应是长期进行观察或观测的经验总结，如"正月：时有俊风，寒日涤冻涂；三月：越有小旱；四月：越有大旱；七月：时有霖雨"等，这些概述性的气候特征，显然是长期观察观测的经验总结。

商代气象观测活动应更为频繁，这一时期的气象知识非常丰富。在出土的殷商甲骨档案中，有大量的气象观测记载，如风、雨、雷、晕、雪、晴等天气变化的详细记载，从整理的甲骨气象档案记录分析，商王田猎出行、战争、祭祖、年成丰稔等，非常关注雨情。因此，有关降雨和卜雨的记载很多，有的标明了实际降雨的时间。根据有关学者对155条记有卜雨或降雨的卜辞按月排列分析，一月份有20条，二月份18条，三月份20条，四月份13条，5月份18条，六月份10条，七月份9条，八月份8条，九月份四条，十月份7条，十一月份7条，十二月份5条，十三月份12条[3]。在殷商甲骨气象档案中，还有记载连续几日天气情况的记录。这说明，殷商时期已经有了较为系统的气象观测和记载积累。商时已经出现"多卜、占、作册"之类的专职人员，根据分工有的则从事天文气象占卜和记录活动。

至周代，有关天文气象观测活动文字和遗迹记载明显增多。现存陕西户县秦渡古镇周文王灵台遗址距今3000多年，据传周文王在灵台上观测天象、气象，观察星际天体变化。今河南登封古观象台据传也为周公设置。据文献记载，西周设立有专门的从事天文气象观测地方，周代天子观象处称为灵台，诸侯为观台。如《诗经·大雅·灵台》篇就有“经始灵台”的记载，即设计规划建设灵台。据《周礼·春官宗伯》记载，周时有保章氏掌天星，以志星辰日月之变动，以五云之物辨吉凶、水旱降、丰荒之祲象。《周礼》记载，当时已经出现“以土圭之法测土深。正日景，以求地中。日南则景短，多暑；日北则景长，多寒；日东则景夕，多风；日西则景朝，多阴。日至之景，尺有五寸，谓之地中，天地之所合也，四时之所交也，风雨这所会也，阴阳之所和也。”其大意为，以用土圭测日影之法测量土地四方的远近，校正日影，以求得地中央的位置。位置偏南就日影短，气候炎热。位置偏北就日影长，气候寒冷。位置偏东，日已偏西，气候[干燥]多风。位置偏西，气候[潮湿]多阴雨。[测得]夏至[那天中午]的日影，长一尺五寸，[这个地方]叫作地中，这是天地之气相和合的地方，是四时之气相交替的地方，是风雨适时而至的地方，是阴阳二气和谐的地方，因而百物丰盛而安康。周代的物候和气候观测积累了丰富的经验，根据观测经验已经总结形成了当时的物候历。计时对于掌握节气非常重要，圭表就是我国最古老的一种计时器，它利用太阳射影的长短来判断时间，周代典籍《周礼》中就有关于使用土圭的记载。

春秋、战国时期，关于从事天文气象观测活动文字记载更为明确。如《左传》中有鲁国观台的记载，《左传》记载：僖公五年“春，王正月辛亥朔，日南至。公既视朔，遂登观台以望，而书，礼也。凡分（两分）、至（两至）、启（立春、立夏）、闭（立秋、立冬），必书云物（必须观测记录当天的气候情况及气色灾变），为备故也”[4]。当时的观台既观测天文，又观测气象。据《六韬》记载，辅佐将帅的72名助手中，就有3人专司天文气象观察之职，即“天文三人，主司星历，候风气，推时日，考符验，校灾异，知天心去就之机”。显然，那时在军中就安排有专人观测观察气象，查验灾害。日晷，也是最古老的、以日影测时的计时仪器，相传春秋时期就已发明使用，如今它已成为人类文明的象征，但中国最早文献记载是《隋书·天文志》中提到的袁充于隋开皇十四年公元574年发明的短影平仪，即地平日晷。

秦汉以后，古代气象观测活动有了新的发展，国家设立有专门天文气象观测点，从事天文气象观测的地方也多称灵台、司天台或观象台，也有称清台、神台、观台、瞻星台、瞻象台、观星台、候台等。汉代是我国古代气象科学活动发展重要时期，奠定了我国古代气象科学发展基础，国家设立专门天文气象观测机构，如《后汉书·志第二十五·百官》记载：“灵台掌候日月星气，皆属太史”。汉代设有建章宫和灵台两处观天观象场所，前者为王者亲自观天场所，后者为天文气象专职人员观测处。汉代开始出现一些新的气象观测工具，如测风仪、相风乌、铜凤凰、铁鸾等测风工具。据文献记载张衡在132年创造了世界上第一架观测气象的仪器——候风仪。他在五丈高的杆顶上安一只衔着花的铜鸟，可以随着风转，鸟头正对着风来的方向。欧洲到12世纪才有候风鸟的记载，比张衡晚了1000多年。

隋唐时期，对天气气候不论在实际观测，还是在观测工具方面都有所进步。关于气象观测资料在《隋书》《旧唐书》和《新唐书》的《五行志》中有记载。此外，在农书和方志中也有不少涉及雨、雪、雹、霜、雾、气温异常、大风、干旱等天气现象的记录。这一时期对气象规律的认识尤其是在观风和观雨等方面都有所进展。

宋元时期，观象活动更为规范，观象的规模也有扩大。据《梦溪笔谈》记载：“国朝置天文院于禁中，设漏刻、观天台、铜浑仪，皆如司天监，与司天监互检察。每夜天文院具有无谪见、云物、祯祥，及当夜星次，须令于皇城门未发前到禁中。门发后，司天占状方到，以两司奏状对勘，以防虚伪”[5]。可见宋代对观象管理之严格，每天要把天文院和司天监的观测进行对比，以防止弄虚作假。元代在中国天文气象史也一个重要时期，至元 16 年(1279)，忽必烈在大都(今北京)建立了一座规模宏大的天文台，并把国家的天文机构:太史院设在了这里，可以说是当时世界上最先进的天文气象台之一。另外，在河南省登封县(古称阳城)建造了一座观星台，台高 9.46 米，台身就是一个高表，台下从南往北延伸是 31.2 米的水平石圭，这是对测景仪器的重大改革。

明清时期，主要沿袭古代天文气象机构设置，设立有观象台，现位于北京市建国门立交桥西南角的北京古观象台，始建于明朝正统年间(约公元 1442 年左右)，在明朝时被称为“观星台”，台上陈设有简仪、浑仪和浑象等大型天文仪器，台下陈设有圭表和漏壶。清代时观星台改称“观象台”。我国采用具有现代意义的气象观测工具，已知最早的是 1743 年(乾隆八年)由法国传教士在北京设立测候所。乾隆二十年(1755 年)，耶稣会教士在北京进行了连续六(1755 至 1760 年)的气象仪器观测，记录了当时一个观测点六年的气温、气压、风及雨量，成为在我国最早的气象观测记录。1841 年俄国教会在北京开始进行系统的气象观测。

二、古代气象观测记载

中国古代非常重视观察天气变化情况，并把所观察观测到气象记录进行总结。根据八卦所表达的原始意义分析，其功能之一最早可能是记录或表达天气变化的符号，如乾、坤、震、巽、坎、离、艮、兑卦，分别代表天、地、雷、风、水、火、山、泽，由可见每一卦的原意均与气象有关。

在文字出现以后，随着记录载体的不断发展变化，中国古代记录气象的内容不断丰富，历史档案中保存了以大量的有关雨、雷、风、云、晕、旱等气象现象的记载。这些气象记录档案，不仅为古人总结历史气候、物候规律，安排当时的农事生产、祭祀及其他活动发挥了重要作用，也为今年研究古代气候及其变化情况提供了丰富的史料依据。

中国古代有文字记载的气象记录，经历了甲骨、简牍、锦帛、纸张等载体的变化。甲骨气象档案形成于殷商时期，距今有3000多年，现发现的殷代甲骨文中，已经有风、云、虹、雨、雪、霜、霞、龙卷、雷暴等大量气象现象的记载，以降雨和卜雨为例，对其中155条记有卜雨或降雨的卜辞记载，如果按月排列分析，一月份有20条，二月份18条，三月份20条，四月份13条，5月份18条，六月份10条，七月份9条，八月份8条，九月份4条，十月份7条，十一月份7条，十二月份5条，十三月份12条[3]84。在殷商甲骨气象档案中，还有记载连续几日天气情况的记录。从现今保存的甲骨卜辞中发现，在"10万片甲骨中，其中占雨的卜辞则有几千条，可见占雨曾经是商王的重要职责之一"[6]。如果按照类别划分，殷商甲骨气象记载可分有风类、云类、雷电类、雨类、固体降水类、光象类、季节类等12类。

简牍是古代书写有文字的竹片或木片。简牍出现以后，也成为重要的气象观测记录载体，存于现世的简牍气象记载很少，1975年在湖北云梦县睡虎地11号秦墓发掘中，出土了一批竹简，其中有《秦律十八种》，在《田律》中规定"稼已生后而雨，亦辄言雨少多，所利顷数"，以法律形式规定要向朝廷上报雨水情况。上海博物馆馆藏楚简中有《鲁邦大旱》，仅存竹简6枚，该简主要记述鲁哀公十五年，鲁邦大旱，哀公向孔子请教禦旱祭祀之事。锦帛气象档案可能只是简牍记载的补充形式，现存数量甚少，1974年出土的湖南长沙马王堆3号汉墓帛书有《天文气象杂占》、《五星占》。

造纸发明以后，纸很快成为记载气象记录的载体。但由于纸质档案保存较难，现存有南宋吕祖谦(公元1137－1181年) 的《庚子·辛丑日记》，为1180～1181年进行的物候观测记载，是迄今发现最早的实测物候记录，其他多为史志传记整理记载保存的气象史料。

中国古代天文气象观测活动形成的资料档案，应是由国家统一管理。从殷商甲骨档案集中存放可知，商代气象资料档案由殷商朝廷统一管理。秦汉时期，政府规定要上报农作物生长时期的雨泽，以法律形式规定要向朝廷上报雨水情况。汉代也命天下郡县上雨泽的记载，“自立春至立夏尽立秋，郡国上雨泽”，即在整个农作物生长期间，各地都要向中央上报降雨情况。在隋唐朝以后，天气气候的观测资料在《隋书》、《旧唐书》和《新唐书》的《五行志》中均有记载，此外，在农书和方志中也有不少涉及雨、雪、雹、霜、雾、气温异常、大风、干旱等天气现象的记录。

明清时期气象观测更加频繁，形成了更为丰富的气象档案，特别是雨量观测记录、雨雪分寸记录档案、晴雨录档案非常丰富。明代凡有灾异现象，特别是风灾、雨旱等气象灾害，都必须呈奏。朱元璋下令全国各州县进行雨量观测。据顾炎武《日知录》记载：“洪武(1368—1398 年)中，令天下州长吏，月奏雨泽。”明太祖和明仁宗时，国家曾令全国州县长吏，每月将雨情上报朝廷，还曾要求北京、杭州、江宁(南京)、苏州等地上报逐日晴雨。清代从乾隆元年(1736 年)至宣统三年(1911 年)，在全国范围内对每次下雪的积雪厚度，或者每次下雨后雨水渗入土壤的深度，均以尺寸(市尺)记录，那时称雨雪分寸。现存全国比较完整的雨雪分寸记录从 1736 年至 1909 年达 170 多年之久，其中乾隆(1736—1795 年)60 年间，雨雪分寸奏折档达 24000 余件，嘉庆(1796—1820 年)25 年间共有 17000 多件。现在国家第一档案馆里还保存有北京、江宁、苏州和杭州等地呈报皇帝的《晴雨录》，以及钦天监题本、各地奏折等气象档案。[7]

中国古代非常重视气象灾异现象记载，从现存的古代文献中可以看到 3000 多年来气象灾害记载，据《竹书纪年》载：周孝王七年，“冬，大雨雹，江、汉水，牛马死”。这是长江流域雨雹成灾的最早记载。至秦汉以后，重大气象灾害记载则比较完整，以《二十六史》为例，气象档案遗存多记入在五行志部分，也有部分记入在符瑞志、灵征志、灾异志中。天文志中载云气、日月晕珥等气象现象，五行志中则载大水、大旱、大风、大雨、大雪、雷雹等气象灾害现象。

《五行志》,最早为《汉书》所记,后有《宋书·符瑞志》、《魏书·灵征志》、《南齐书·祥瑞志》、《清史稿·灾异志》等,专记各种“祥瑞”和“灾异”等气象现象,是间接性气象档案遗存。正因为有大量的历史记载,为今天研究中国古代气象灾害史提供了可信依据,如邓云特(邓拓)在1937年著的《中国救荒史》,对历史上发生的各种灾害统一按年次计算,认为自公元前1766年～公元1937年的3700多年间,发生水灾1058次,旱灾1074次,蝗灾482次,雹灾550次,风灾518次。

中国古代,各地非常重视气象资料的收集,特别自宋、元以后成了传统,地方志保存的气象史料比以往任何时代都丰富。从宋(10世纪)以后,地方志已开始普遍修编,省志、府志、州志、县志极其丰富。据统计,自宋熙宁(11世纪中叶)年间到1933年,约九百年间,地方志共有七千多种。其中有很多宝贵的气象记录,特别是灾害和特殊天气现象的记录[7]。地方志的记录可以弥补近代以来气象台站观测记录时间还不够长的缺陷。气象档案遗存为研究自然气候变化对动植物迁移和土地沙漠化等影响提供了重要依据。根据大量历史记录,2004年张德二著《中国三千年气象记录总集》,对古代遗存气象档案进行了汇总。

第二节　古代气象观测分述

中国古代气象观测尽管多为目测和体验性观察,其记录多凭经验、多为定性和概数表述,但观测观察内容还是比较丰富,定性和概量也有等级划分,在当时科学技术条件下,人们所能见到和感受到气象现象都成为观测观察的内容,其中比较多的还是风、雨(雪)、云、雷电等气象现象。

一、风的观测

1. 风向观测与分级。中国古代对风观察与辨识的记载很早,根据对甲骨卜辞整理，在甲骨卜辞中对“风向”已有四方风名，东风称“劦”(xiá)，南风称“兇”(kǎl)，西风称“夷”，北风称“氐”(hán)。同时，对“风级”已开始分级分类，如“小风、大风、骤风、狂风”等之类别[6]265。据传夏时有司风鸟，如《太平御览》天部卷九引“崔豹《古今注》曰：司风鸟，夏禹所作”。到春秋战国时，人们对风的观察更为细致，风的分类不仅有方位、大小，而且有温寒之别，如《吕氏春秋·有始览·有始篇》把风分为八类，即称“八风”，“何谓八风？东北曰炎风，东方曰滔风，东南曰熏风，南方曰巨风，西南曰凄风，西方曰飂风，西北曰厉风，北方曰寒风”[8]。这是目前所见最早把风分为八个方位的记载。

除对风向方位分类外，在《诗经》中出现了许多与风相联系的构词，如终风、凯风、谷风、匪风、飘风、大风、清风、晨风等，在《庄子》中则有“疾风、飘风、泠风、厉风”等构词。这些记载可以说明，古代对风观察观测比较细致，不仅有方位、有量级差，还有人们的心理感受。《黄帝内经》把风与人体健康联系在一起研究，划分的“八风”与人体反应相联系，即风从南方来，名曰大弱风；风从西南方来，名曰谋风；风从西方来，名曰刚风；风从西北方来，名曰折风；风从北方来，名曰大刚风；风从东北方来，名曰凶风；风从东方来，名曰婴兀风；风从东南方来，名曰弱风。

至秦汉以后，风的观测工具有了新的发展，人们对风向和风力等都对天气的变化形成了一些新认识。如《史记》载有：正月上旬，多东风，宜于养蚕；多西风，而且初一日有黄云，岁恶不吉利。这说明当时人们不仅已认识到风向变化对年景的影响，而且根据风向预测天气变化已比较普遍。

由于测风工具的发展，人们对风的认识不断增加，西晋以后开始对信风、寒潮和台风均有记述。如西晋周处在《风土记》中就记有“南中六月，则有东南长风，风六月止，俗号黄雀风。时海鱼变为黄雀，因为名也”。黄雀为候鸟，夏居东北，秋迁东南，其迁居时间接近信风时间。这里比较明确地描述了六月东南风起止时间特征。南朝沈怀远《南越志》最早提到台风，当时称为“飓风”或“惧风”，其中明确记载有“熙安间多飓风，飓者，具四方之风也。一曰惧风，言怖惧也。常以六七月兴，未至时，三日鸡犬为之不鸣，大者或至七日，小者一二日。外国以为黑风”。南朝梁·宋懔《荆楚岁时记》虽云：“重阳日，常有疏风冷雨。”这比较明显记载了寒潮天气的发生。

在唐代，人们在风观测经验的基础上，对风的研究与认识不断深化，李淳风在《乙巳占》中记载有候风法、占风远近法、推风声五音法等，说明对风的研究有很高造诣。其中候风法专门介绍了相风旗、羽葆和木乌等测风仪器，在该书卷占风远近法第六十九中写道：“凡风发，初迟后疾者，其来远；初急后缓者，其来近。动叶十里，鸣条百里，摇枝二百里，堕叶三百里，折小枝四百里，折大枝五百里”。他在另一部书作《观象玩占》中，按子、癸、丑、离、寅、甲、卯、乙、辰、巽、巳、丙、午、丁、未、艮、申、庚、酉、辛、戌、乾、亥、壬将风向定为 24 个，其中子、午、卯、酉分别表示北、南、东、西四个方向。李淳风最大的贡献还于对风力等级的划分，他在《乙巳占》中，已把风力分为八级：一级动叶，二级鸣条，三级摇枝，四级堕叶，五级折小枝，六级折大枝，七级折木飞砂石或伐木，八级拔木树和根。这八级风，再加上“无风”、“和风”（风来清凉，温和，尘埃不起的，叫和风）两个级，可合为十级，是世界上最早划分风力等级表，比英国人海军中校费朗西斯·蒲福 1805 年拟定的蒲福风力等级早 1160 年。

宋朝时，中国的已基本掌握了季风规律，并利用季风的更换规律进行航海活动。对于东南亚的太平洋航线来说，如《萍洲可谈》中所说的，“船舶去以十一月、十二月，就北风；来以五月、六月，就南风”。宋朝王十朋曾以“北风航海南风回，远物来输商贾乐”的诗句，描写了利用了季风进行海上贸易的情景。古代航海者总结了大量预测天气的经验，并巧妙地利用中国独特的风帆，即可以或降或转支的平式梯形斜帆，根据风向和风力大小进行调节，使船可驶八面风,保证了不论在何种风向下,都要以利用风力进行航,其中,对于顶头风,南宋以后已发明了走之字形的调帆方法,能逆风行船了。我国古代除观察水平各方向的风外,也注意观察观测旋风、自上而下吹的"颓风"(也叫焚轮风)、自下而上吹的风叫"飙风"(也叫扶摇风)等,这说明古代对风的观察比较细致。

2. 风向器的发明与使用。中国古代很早就开始了对风向的观察,商朝时,人们已经利用旗上的飘带来观测风向,同时已出现对四方风向的判断。古代有很多观测风向的方法和工具,大约从汉代开始,中国的测风工具主要有 3 种:一种为候风綄、伣和旗类,这类工具使用得最早,相传商代就已经使用,或者更早。一种为铜凤凰、铁鸾,主要用于宫廷、寺院、城楼等处。如汉武帝于太初元年(公元前 104 年)所建的建章宫,据《史记·封禅书》记载:"建章宫,度为千门万户。前殿度高未央。其东则凤阙,高二十余丈"[2]223。《三辅黄图》云:"建章宫周回三十里。东起别风阙,高二十五丈,乘高以望远。又于宫门北起圆阙,高二十五丈,上有铜凤凰",并介绍建章宫有铸铜凤,高五尺,饰黄金,栖屋上,下有转枢,向风若翔之说。相风铜乌是一种铜做的形状像乌鸦样的风向器("相风"就是观测风的意思),它装在汉代观测天文气象的灵台上,专用于观测天象所设置的仪器。《太平御览 》卷九引《述征记》曰:"长安宫南灵台,上有相风铜乌,或云此乌遇千里风乃动" 。一种为铜乌、相风木乌,主要民间使用。晋朝时,轻巧的木质相风乌代替了铜制测风器,各种测风工具不仅用于陆地,也广泛用于江河和海上水路交通。

我国风向器的构造与功能,在西汉《淮南子》中,已经记有一种叫"伣"(xiàn)或"綄"(huǎn 缓)的风向器。据《淮南子·齐俗训》记载:"伣之见风也,无须臾之间定矣"[9]315,即"伣"在风的作用下,没有一刻是平静的,这种风向器相当灵敏。据东汉许慎淮南子注曰:"綄,候风也,楚人谓之五两也。"汉代的风向器除"伣"外还有"铜凤凰"和"相风铜乌"两种。据记载,铜凤凰的下面安装了转动装置，受风时会向着风，像要起飞。《后汉书·张衡传》说，阳嘉元年（公元 132 年），张衡“造候风地动仪”，根据判断“候风”和“地动”应是两种不同的仪器，可惜作者对候风仪未作介绍。1971 年在河北安平县逯家庄发掘的东汉墓藏中一幅绘有大型建筑群的鸟瞰图上，发现在主要建筑物后面的一座钟楼上，立有相风乌和测风旗，这是目前发现我国最早的相风乌图形。

在晋代，太史令设有木制相风乌，以后相风木乌逐渐普遍。《晋书·志十九·五行下》记有“魏明帝景初中，洛阳城东桥、城西洛水浮桥桓楹，同日三处俱时震。寻又震西城上候风木飞乌”。候风木飞乌，用木头刻一只乌鸦，尾部插小旗，将这只木乌鸦放在长竿上端或屋顶上，四面可以旋转。如果风从南边刮来，木乌鸦的头就朝南，而尾部的小旗就会向北。又如晋代张华《相风赋》曰：“太史候部有相风，在西城上”。这里两处都记载西城上有“候风木飞乌”，在晋代先后多人写有《相风赋》，如《太平御览》天部九载有郑玄《相风赋》曰：“昔之造相风者，其知自然之极乎，其达变通之理乎？上稽天道阳精之运，表以灵鸟物象。其类下凭地，体安贞之德，镇以金虎，玄成其气，风云之应，龙虎是从。观妙之征，神明所通。夫能立成器，以占志吉凶之先见者，莫精乎此。乃构相风，因象设形，蜿盘虎以为趾，建修竿之亭亭，体正直而无桡，度径挺而不倾，栖神鸟于竿首，候祥风之来征”。这首相风赋形象地描述相风乌形制和功能。

在唐代，李淳风在《乙巳占》中，描述有相风木乌的构造，其中记有相风乌：“羽必用鸡，取其属巽，巽者号令之象。鸡有知时之效。羽重八两，以仿八风。竿长五丈，以仿五音。乌象日中之精，故巢居而知风，乌为先首。”“亦可于竿首作盘，盘上作木乌三足，两足连上而外立，一足系羽下而内转，风来乌转，回首向之，乌口衔花，花旋则占之”。但《乙巳占》认为：“常住安居，宜用乌候；军旅权设，宜用羽占，”意思为相风乌只宜设在固定的地方，在军队中驻地经常变化，还是用鸡毛编成的风向器为好。

鸡毛编成的风向器，是由“伣”等发展而来的，所用的鸡毛重约五两到八两，编成羽片挂在高杆上，让它被风吹到平飘的状态，再进行观测，这种羽毛风向器就称为“五两”。唐代后十分普遍，“五两”成为各种形式的简便风向器的通称。如唐代诗人李白《送崔氏昆弟之金陵》诗中有“水客弄归棹，云帆卷轻霜；扁舟敬亭下，五两先飘扬”，即可以说明。

二、云的观测

我国古代非常重视对云的观测，在甲骨文中，“云”字是一个会意字，其上“二”横为古文的“上”字，下部为蜷曲之形，两形会意正如上升气流在空中滚动回旋和翻腾，可见古人对云的观察之细微，而且在甲骨文中已出现根据云的来向和颜色判断天气的记载。古代先民在对云作大量观察的基础上，很早开始对云就有分类认识，如《吕氏春秋·有始览·应同》篇，已把云分为“山云”（现指积雨云、积云）、“水云”（现指卷积云）、“旱云”、“雨云”四种，诸如“山云草莽，水云鱼鳞，旱云烟火，雨云水波”[8]77。

至汉代，对云的观测与记载已比较系统。《史记·天官书》篇中对云的观测有比较系统的归纳，如云有五色，即赤、黄、白、青、黑；云有七状，即稍云、阵云、杼云、轴云、杓云、钩云、卿云，其状分述为，稍云精白者，阵云如立垣，杼云类杼，轴云抟两端兑，杓云如绳者，钩云句曲，卿云若烟非烟、若云非云、郁郁纷纷、萧索轮囷。同时，对云的流向和云的方位都有一些具体描述，如“自华以南，气（云气，下同，作者注）下黑上赤。嵩高、三河之郊，气正赤。恒山之北，气下黑上青。勃、碣、海、岱之间，气皆黑。江、淮之间，气皆白”。即其大意为自华山以南的云气，下为黑色上赤色。嵩高山、三河一带野外的云气，是正红色。恒山以北的云气，下边黑色上边为青色。勃海、碣石和海岱之间的云气，都是黑色。江、淮之间的云气，都是白色。由此可见当时人们对云观察已经精细的程度。

在古代把观测云用图记录下来，就成为云图。自秦汉以后，对云与天气的关系有很多总结性成果，为传承辨云知识则形成了云图。如在《汉书·艺文志》中录有《泰壹杂子云雨》、《国章观霓云雨》、《杂山陵水泡云气雨旱赋》等典籍书目；在《隋书·志·经籍三子》中记有《用兵秘法云气占》、《候云气》、《日旁云气图》、《天文占云气图》、《章贤十二时云气图》、《日月晕珥云气图占》等；《宋史·艺文志》中记有《云气图》、《占风云气图》、《天子气章云气图》和《占风云气候日月星辰图》等云图。在以上这些书中很可能附有云图，可惜大都已经失传，难以考查。目前发现的最早云图是马王堆三号墓出土的《天文气象杂占》(那是西汉帛书)和敦煌所出唐天宝初年的《占云气书》。这两种云图都在1979年十月《中国文化》中刊出，它们都是为军事需要卜占吉凶而用的，里面有一些云图，也是迄今世界上发现最早的云图。

明代茅元仪《武备志·载度占》中有《玉帝亲机云气占候》，里面有五十一幅云图，明英宗正统10年(公元1445年)[10]刊行的《正统道藏》第54册《雨旸气候亲机》中有云图三十九幅。此外还有各种版本或手写本的《白猿经》，都是图文对照的古云图集，《明史·艺文志·天文类》载有《白猿经》一卷，书中专论风雨雷电霾旱晦明之兆，末附以日星云气图。这些古云图集，现在还在流行。明代以来的各种古云图集都有一些共同蓝本，这些蓝本应当是明代以前的各种古云图集。有些早期古云图集，表面上失传了，但是实际上却改用别的书名、补充或删去了某些内容而在下几个朝代出现。这些蓝本，可以追溯到什么时代，是还需要进一步研究的。但上面举出的西汉帛书《天文气象杂占》和唐代的《占云气书》，和以后留传的云图还是一脉相通的。

三、雨的观测

1. 雨的观测概述。在现存的甲骨文片中，用于占雨的卜辞较多，而且也有分类表述，已经把“雨”分为微雨，大雨、多雨(雨量充沛之雨)，烈雨、疾雨(雨势猛强之雨)，霖雨(绵绵之雨)，从雨(雨来之顺）、及雨（雨来及时）、足雨（雨量充沛）等等，在安阳殷墟出土甲骨文中有大量水文、气象方面的记录，也有小雨、大雨、急雨等定性降水的描述。到战国时，在《吕氏春秋》中按时间区分有时雨、春雨、秋雨、夏雨，按人们生产活动的需要区分有甘雨、苦雨、淫雨，有按量级区分有大雨、暴雨、多雨等。

秦汉时期，由国家要求的测雨制度一直延续到明清，其间由于战争、动荡和朝代变更可能有中断。据考证，在秦代已建立了报雨泽的制度，依据出土发现的《秦律十八种》竹简，其中《田律》规定："雨为澍，及秀粟，輒以书言澍稼、秀粟及垦田无稼者顷数。稼已生后而雨，亦輒言雨少多，所利顷数。旱及暴风雨、水潦、螽虫、群它物伤稼者，亦輒言其顷数。近县令轻足行其书，远县令邮行之，尽八月□□之"[10]145。其大意为凡谷物抽穗时下雨，雨后应书面报告有抽穗谷物和未种谷物的受雨田亩数。庄稼生长后，如下了雨，也应报告雨泽多少和受益的田亩数。如有干旱、暴风雨、水潦、虫害等灾，也要报告受灾田亩数，报告必须在八月底前送到。在东汉，所辖各郡国从立春到立秋整个作物生长期间向中央报告雨泽情况。据《后汉书·志第五》记载："自立春至立夏尽立秋，郡国上雨泽。若少，郡县各扫除社稷；其旱也，公卿官长以次行雩礼求雨"。据《宋史·仁宗本纪》载："宝元元年……六月……甲申，诏天下诸州月上雨雪状。"南宋秦九韶《数书九章》有："三农务穑，厥施自天。以滋以养，雨膏雪零。司枚闵焉，尺寸验之"的记载。明永乐二十二年（1424年））重申测报雨泽，据顾炎武（1612—1682年）《日知录》记述："洪武中，令天下州县长吏，月奏雨泽。……永乐二十二年（1424年）十月，通政司请以四方雨泽奏章送给事中收贮。上曰：祖宗所以令天下奏雨泽者，欲前知水旱，以施恤民之政，此良法美意。今州县雨泽奏章乃积于通政司，上之人何繇知？又欲送给事中收贮，是欲上之人终不知也。如此徒劳州县何为？自今四方所奏雨泽，至即封进，朕亲阅焉。……后世雨泽之奏，遂以寝废。"由此可知，中国在宋代观测雨量有明确记载，明代洪武年间至永乐及其后若干年仍在继续观测雨。

全国各州县晴雨观测造报晴雨录是从康熙二十四年(1685年)十月开始的,并将观测结果按月报送朝廷。现存原内阁大库藏晴雨录康熙二十四年黄册首云:“钦奉上谕,钦天监将京都一年内晴雨日期,年终奏闻。各省奏闻晴明风雨日期,并不增添事件,着督抚等亦于年终将一年内晴明风雨日期奏闻。”道光元年(1824年)苏州的晴雨录也停止奏报。唯北京的晴雨录一直持续到光绪二十九年(1903年)。有些《晴雨录》已包括阴晴、雨雪、雷电、风向等内容,关于雨雪情况还特别注明下雨和下雪的起止时间和程度,实际上已很接近于现代的气象观测记录簿。此外,对于特殊的天气现象如初雷情况等,钦天监要进行详细观测并以“题本”形式奏呈。气象学者张德二认为,史书中的降水记载,几千年未曾中断,但雨雪记载的详略因史书不同而有差别,最具科学价值的是钦天监和各地方上报朝廷的《晴雨录》,这是有组织的、连续的天气记录。

2. 雨量观测器。中国古代尽管对降雨观测和资料奏报起源很早,历代都非常重视对降雨的观测。但早期的降雨观测方法和工具则很少见有记载。中国测雨器的发明比西欧要早三百余年。

秦代之后,报雨制在各个朝代得以延续,并逐步规范为按雨水不足,雨水过多,雨水适宜三个等级测量,这种测量比较粗略。到宋代,数学家秦九韶开始研究雨量的计算,他在《数书九章》卷四中列有“天池测雨”、“圆罂测雨”、“峻积验雪”、“竹器验雪”等四道有关降水的算题,并在序中说:“三农务穑,厥施自天。以滋以生,雨膏雪零。司牧闵焉,尺寸验之。积以器移,忧喜皆非”。其大意为,“农民耕种收获,全靠大自然。阳光雨露,庄稼滋生,雨雪淋润。农官忧心下雨多少,用器皿测量。水积满了再换上一个器皿,有时测之忧,有时测之喜”。怎样才能客观地从容器的雨雪量计算出有代表性的雨雪量呢?以“天池测雨”为例:“问今州郡都有天池盆,以测雨水。但知以盆中之水为得雨之数,不知器形不同,则受雨多少亦异，未可以所测，便为平地得寸之数，假令盆口径二尺八寸，底径一尺二寸，深一尺八寸，接雨水深九寸。欲求平地雨降几何？答曰：平地雨降三寸”。从这里可以看出，当时已经知道换算为平地的雨量，这样才有代表性。从算题中还可以知道，说明当时全国已有“天池盆“、”圆罂“等雨量器观测雨量，但未统一形制，还没有形成标准的雨量器，所观测的雨量数据也未保存下来。秦九韶在计算“天池测雨”时，用了“平地得雨之数”来度量雨水，在算题中提出了需要把雨水折合成平地雨量的思想，基本符合现代的雨量概念，其计算方法是世界上最早的雨量计算方法。

我国雨量器的发明大约在明清时期。明代从洪武年间（公元14世纪后半叶）开始，就很重视测雨，要求全国州县官吏按月向中央上报雨水情况。到明永乐末年（1424），令全国各州县报告雨量多少。据顾炎武《日知录·卷十二》记载“洪武中，令天下州县长吏，月奏雨泽”，“永乐二十二年十月，通政司请以四方雨泽奏章类送给事中收贮，上曰：祖宗所以令天下奏雨泽者，欲前知水旱，以施恤民之政，此良法美意。今州县雨泽章奏乃积于通政司”。当时各县统配有雨量器，一直发到朝鲜，朝鲜的《文选备考》中，有一节讲明朝雨量器的制度，计长一尺五寸，圆径七寸。到清康熙、乾隆年间，陆续颁发雨量器到国内各县和朝鲜。日本人和田雄治先后在大邱、仁川等地，曾经发现黄铜雨量器，并且附有标尺。雨量器花岗石台基上刻有“测雨台”和“乾隆庚寅五月”等字样，可以作证明。发现乾隆庚寅年（1770）所颁发给朝鲜的雨量器。高一尺，广八寸，并有雨标，以量雨之多少，均系黄铜所制。[11]这是已知世界现存最早的雨量器，西方到17世纪才用雨量器。现在，在故宫里还保留明清两代大量的各地上报雨泽的奏折。

关于中国测雨器东传朝鲜，据竺可桢《论祈雨禁屠与旱灾》（民国15年7月《东方杂志》）记述：“我国古时之测雨量，其为法亦甚精密。……朝鲜之有雨量器，始于李朝世宗七年，即明仁宗洪熙元年，亦即成祖去世之翌年（1425年），其制度具见朝鲜之《文献备考》中。计长一尺五寸，圆径七寸。明成祖极关心雨量之测度，则当时朝鲜之测雨器必传自中国无疑。惜其器至今无存者，但已足以确定雨量器为中国所发明。盖欧美各国至17世纪中叶始有器也。迨前清康熙时，朝鲜肃宗复制有测雨器，分颁各郡，高一尺，广八寸，并有雨标，以量雨之多少，每于雨后测之，均系黄铜所制。日人和田雄治在大邱、仁川、咸兴等处，先后发现乾隆庚寅年(1770年)所制之测雨台。”中国统一制发测雨器的时间当在1425年以前。但也有学者认为，“乾隆庚寅年造”，并不能作为此雨量器是中国发明颁给朝鲜的证据。有关考证还待深入。

四、湿温的观测

1. 湿度观测。我国是最早发明测湿仪器的国家，在《史记·天官书》中记有把土和炭分别挂在天平两侧，以观测挂炭一端天平升降的仪器。据载“冬至短极，悬土炭，炭动，鹿解角，兰根出，泉水跃，略以知日至(能大致判断冬至的先后)，要决晷景”[2]201。这里“炭动”言秤衡的高低有了变化，这实际是记载古人发明了测量空气湿度用以预测晴雨的一种方法。空气湿度大，炭从空气中吸入的水分多，则炭加重而下沉，使秤杆失去平衡。

《后汉书·律历志上》:“天效以景，地效以响，即律也。阴阳和则景至，律气应则灰除。是故天子常以日冬夏至御前殿，合八能之士，陈八音，听乐均，度晷景，候钟律，权土炭，效阴阳”;“冬至阳气应，则乐均清，景长极，黄钟通，土炭轻而衡仰。夏至阴气应，则乐均浊，景短极，蕤宾通，土炭重而衡低”;“进退于先后五日之中，八能各以候状闻，太史封上。郊则和，否则占”。这里“听乐均，度晷景，候钟律，权土炭，效阴阳”，其中三项观察指标与湿度相关。听黄钟测湿，“黄钟自冬至始，及冬至而复，阴阳寒燠风雨之占生焉”。

关于测湿的原理，《淮南子·天文训》有曰“阳气为火，阴气为水。水胜，故夏至湿；火胜，故冬至燥。燥故炭轻，湿故炭重(其意为天气干燥了，炭就轻；天气潮湿了，炭就重)”[8]235，《淮南子·泰族训》还说“夫湿之至也，莫见其形，而炭已重矣”[8]418，即湿气到来的时候，人们看不见它，但炭已经表现出沉重了。这就进一步说明测湿器能测量看不见的水汽。这种观测炭轻重变化的器具则成为“悬炭识雨”的晴雨计。此外，汉代还能视琴弦的弛张，以测晴雨，如王充在《论衡》中指出：“天且雨，琴弦缓”，其原理湿度增大时，弦线也随之伸长。元末明初娄元礼在《田家五行》载有“若高洁之弦忽自宽，则因琴床润湿故也，主阴雨”。其意为如果质量很好的干洁弦线忽然自动变松宽了，那是因为琴床潮湿的缘故；出现这种现象，预示着天将阴雨，原因是湿度增加使弦线增长，而弦增长也就预示着天将阴雨。他还指出，琴瑟的弦线所产生的音调如果调不好，也预兆有阴雨天气，这也合乎一定的科学道理。

利用土炭和弦线测湿在宋代以后继续得到应用，据传宋代赞宁和尚，在他的《物类相感志》一书中记有，把土炭分别放在天平两边，使它们平衡，然后悬挂在房间里。天将要下雨的时候，炭就会变重，天晴了，炭会变轻。这已经把测湿仪器作为预报天气晴雨的仪器了。据记载清代黄履庄还研制成功了“验燥湿器”，即利用弦线随湿度伸缩的原理测量湿度，据载内有针，能左右旋。燥则左旋，湿则右旋，毫发不爽，并可预证阴晴[11]105。

2. 温度观测。在定量测试温度出现之前，人们没有形成定量的温度概念，也不可能存在现代意义上的温度测量。但是，冷热现象是客观存在，在我国古代文献中描述物体冷热程度的词汇很丰富，与温度有关最早的文字有：寒、凉、温、热，薄寒为凉，渐热为温，古人通过体感从低温到高温依次有冻、冷、凉、温、暖、热、烫、烧等。这些术语同人体的感觉密切相关，古代人们把体感温度分为不同的区段。这实际是以人们的体感来判断温度高低。贾思勰在《齐民要术·养羊》篇“作酪法”中提到，要使酪的温度“其卧酪待冷暖之节，温温小暖于人体，为合宜适。热卧则酪醋，伤冷则难成”；在“作豉法”中更提到“大率常欲令温如腋下为佳”，“一日再入，以手刺豆堆中候看：如人腋下暖，便须翻之”，“若热汤人手者，即为失节伤热矣”。这些都是以人的体温为比对标准，来判定待测对象的冷热程度。人体体温一般变化幅度不大，而腋下体温又是人体各部分中较为稳定的。所以，贾思勰提出以腋下体温为标准，是有一定道理的。这种测温方法在乡村还在经常使用。

除体感测温外，在我国古代也有过观测热效应引起物态变化的测温方法。据《吕氏春秋·慎大览·察今》篇记载：“审堂下之阴，而知日月之行，阴阳之变；见瓶中之冰，而知天下之寒，鱼鳖之藏也”[8]105。这涉及通过观测水的物态变化来粗略判定温度范围，也是有科学道理的。汉代《淮南子》中也有类似说法，《淮南子·说山训》说：“睹瓶中之冰，而知天下之寒”[8]379，《淮南子·兵略训》说：“见瓶中之冰，而知天下之寒暑”[12]。见到瓶中之冰，可以知道气温之低，而冰化为水，则又昭示着气温的回升。由此可见，古人也比较看重这种观察温度的方法。这种方法比起凭主观感觉判定物体冷热，是一种进步，因为它建立在客观因素基础之上，以避免人为性。

定量温度计的早期形式，在我国出现的时间是在十七世纪六七十年代，是由耶稣会传教士、比利时人南怀仁（Ferdinand Verbiest，1623—1688 年）在其著作《灵台仪器图》、《验气图说》中首先介绍的。前者完成于 1664 年，后者则发表于 1671 年。[13]

五、其他气象现象的观测

1. 雷电现象观察与记载。古代典籍中对雷电的记载比较多，在正史中一般对冬雷、无云而雷、雷震宫殿、雷震城门、祭祀和庆吉之日雷震等多有记载。古人通过观测被雷电击后的奇异现象，对其记述甚多。晋代《搜神记》记载有“晋惠帝永兴元年（304 年），成都主攻长沙，是夜戟锋皆有火光，遥望如见烛。”魏晋时期见五台山倒掉的寺庙，屋顶上的龙头喷火，又称“雷公”。据《南齐书·五行者》记载，公元 490 年，会稽保林寺为雷击时，“电火烧塔下佛面（佛面涂有金粉），而窗户不异也。”沈括《梦溪笔谈》卷二十《神奇》

篇的记述最具代表性，该篇记道："内侍李舜举家曾为暴雷所震。其堂之西室，雷火自窗间出，赫然出檐。人以为堂屋已焚，皆出避之。及雷止，其舍宛然，墙壁窗纸皆黔。有一木格，其中杂贮诸器，其漆器银扣者，银悉流在地，漆器曾不焦灼。有一宝刀，极坚钢，就刀室中熔为汁，而室亦俨然。人必谓火当先焚草木，然后流金石。今乃金石皆铄，而草木无一毁者，非人情所测也。"即一次雷击后的奇异现象，金属物体被熔化了，木器却安然无恙。屋内木架子上放着各种器皿，其中有镶银的漆器，银全部熔化流到地上，漆器竟然未被烧焦。有一把坚硬的宝刀，就刀鞘中熔化为钢水，而刀鞘却保持原样。沈括记叙的这些现象，可以用今天的电学原理加以解释，由于雷击属于高压放电，而高压放电可产生高频交变磁场，处于磁场内的导体因受磁场作用而在导体内产生涡旋电流，涡流大到一定程度就会将导体熔化，而非导体却"曾不焦灼"。沈括认为，这种现象"非人情所测也"，当时的科学水平确实无法解释。

在中国古籍中除记载有雷电现象外，还记载过另一种静电现象，即尖端放电。如《汉书·西域传》中记有"姑句家矛端生火，其妻股紫陬谓姑句曰：'矛端生火，此兵气也，利以用兵'"的记载。矛端生火，实质即为金属制的矛的尖端在一定条件下的放电现象。因为矛竖立在露天，倘若立矛之处地势突出，而又正巧碰到上空有带电云层，就有可能因放电而产生微弱亮光，从而被人们发现并记录下来。当然，古人只是观察到了这一现象，但并不明白其所以然，当时的迷信解释是："矛端生火，此兵气也，利以用兵。"这成了用兵动武的依据。

2. 大气光象观察与记载。除雨、云、风外，在甲骨卜辞中还出现了虹、晕等表征气象现象的文字和记录，并根据气象记录，对许多气象现象进行了分类和描述。古代对大气光现象观察也十分关注，"晕"在甲骨文中就已经出现，其本义是指天上的日晕或月晕，太阳或月亮周围形成的光圈，叫日晕或月晕。如《韩非子·备内》记有"日月晕围于外"之说，其意思是说日月周围有一个模糊的大光圈。古代对晕的观察也比较仔细,《释名》说“晕,卷也。气在外卷结之也,日月俱然。”《史记》说“日月晕适,云风,此天之客气,其发见亦有大运”。这里“晕适”是指出现日晕或月晕的变异天象。也有一些晕珥的记载,泛指日、月旁的光晕。古人认为,出现日晕或月晕天气往往会发生变化,古代就有“日晕而雨,月晕而风”的说法。

参考文献

[1] 张玲编译.尚书.第 2 页. 珠海:珠海出版社.2003.
[2] [汉]司马迁.史记.第 3 页、第 223 页、第 201 页.长沙:岳麓书社。1997.
[3] 唐锡仁,杨文衡.中国科学技术史地学卷.第 84 页、第 84 页.北京:科学出版社.2000.
[4] 莫涤泉.左传文白对照.第 102 页.南宁:广西民族出版.1996.
[5] 沈括.梦溪笔谈.第 79 页.长春:时代文艺出版社.2002.
[6] 唐汉.汉字密码.第 263 页、第 265 页.上海:学林出版社.2001.
[7] 丁海斌,冷静.中国古代气象档案遗存及其科技文化价值研究.辽宁大学学报(哲学社会科学版).2009 年第 02 期.
[8] 杨坚点校.吕氏春秋·淮南子.第 76 页、第 315 页、第 77 页、第 235 页、第 418 页、第 105 页、第 379 页. 长沙:岳麓书社.2006.
[9] 温克刚.中国气象史.第 180 页、第 145 页. 北京:气象出版社.2004.
[10] 洪世年、刘昭民.中国气象史.第 90 页、第 105 页. 北京:中国科学出版社.2006.
[11] 竺可桢.竺可桢文集.第 93 页. 北京:科学出版社.1979.
[12] [汉]刘安.淮南子.第 223 页. 北京:华龄出版社.2002.
[13] 王冰.南怀仁介绍的温度计和湿度计试析.自然科学史研究.1986 年第 1 期.

第三章　古代气象预测

所谓预测，就是指人们利用认为已知的知识、经验和手段，对事物的未来或未知状况预先作出推测或判断。气象预测就是指人们利用认为已知的气象知识、气象经验和气象技术手段，对未来或未知的气象状况预先作出判断或推测。在中国古代，气象预测是一门最古老的学问，它以推测未来的天气气候变化为目标，总结形成了丰富的气象预测经验，在农业经济社会活动中发挥了重要作用，也成为中国古代农业文明的重要组成部分。

第一节　古代气象预测的起源

气象预测在古代称为占候或占气，占候是指根据天象变化预测自然界的灾异和天气变化，如汉代王充《论衡·谴告篇》记载："夫变异自有占候，阴阳物气自有始终"，《明史·梁梦龙传》记载："苟船非朽敝，按占候以行，自可无虞"。也指视天象变化以附会人事，预言吉凶，如《后汉书·郎顗传》记载："能望气占候吉凶"。显然，古代气象预测既有以占候预测天气变化的活动，也有以通过天象或天气变化预测人事活动的情况。

一、占卜的起源

古代占卜，"占"字是在"卜"字下面加一个口字，以口问卜，表示用口表达卜意，"占"是一个会意字，本意为察看甲骨的裂纹或蓍草排列的情况取兆推测吉凶，如《说文》说："占，视兆问也"，《易·系辞上》说："以制器者尚其象，以卜筮者尚其占"。"卜"就是兆的象形文字，甲骨文字形，象龟甲烧过后出现的裂纹形，是汉字部首之一,从“卜”的字多与占卜有关,其读音是仿龟甲被烧裂时发出的声音,“卜”作为名词时可以理解为火灼龟壳,如《礼记·曲礼》有“龟为卜,蓍为筮”;作为动词时则意为预料,估计,猜测,如《左传·僖公四年》记有“晋献公欲骊姬为夫人,卜之,不吉,筮之,吉。”占卜合词的本义是推测吉凶,即察看甲骨的裂纹或蓍草排列的情况取兆推测吉凶。古人认为,以火灼龟壳而出现的裂纹形状,可以预测吉凶福祸。占卜在古代是一种十分普遍的现象,全世界各个时代文化中都有流行。

在我国古代,传说占卜起源于原始社会末期,根据历史文献分析最初应为象占,传说伏羲创立了八卦,如《易·系辞下》说,“易者,象也;象也者,像也(即类似,好像之意)”,它还包括八卦之象,即:乾(天)、坤(地)、坎(水)、离(火)、艮(山)、兑(泽)、巽(风)、震(雷)。“象分为物象和人(事)象”,如《山海经》“可以考祯祥变怪之物”的记载中有:“见则其邑大旱”、“见则其国大疫”、“见则其国大穰”等占验记录。据《尚书》记载,“庶征:曰雨,曰旸,曰燠,曰寒,曰风。曰时五者来备,各以其叙,庶草蕃庑。一极备,凶;一极无,凶”,即气候预兆,一年中雨、晴、暖、寒、风这五种天气齐备,各根据时序发生,百草就茂盛,一种天气过多就不好;一种天气过少,也不好。《史记·龟策列传》明确记载:“自古圣王将建国受命,兴动事业,何尝不宝卜筮以助善!唐虞以上,不可记已。自三代之兴,各据祯祥。涂山之兆从而夏启世,飞燕之卜顺故殷兴,百穀之筮吉故周王。王者决定诸疑,参以卜筮,断以蓍龟,不易之道也”,又说“闻古五帝、三王发动举事,必先决蓍龟”。这些均说明商代占卜可能由原始社会末期象占发展而来,或者说商代前已经有龟卜。

原始社会阶段,先民们驾驭自然的能力极弱,常把不常见的自然现象与人事的吉凶祸福联系在一起,由此而产生了象占。象占是先民们测知未来的最原始方法,其产生可能早于各种占卜。但由于古人受“天”的人格化意识观念的影响,使象占直到晚清仍然以吉瑞祥兆与灾祸凶兆的预示形式被人们所接受,直到现代社会也还可以看到这种的现象踪影。

古代占卜方式源远流长，至少在龙山文化时期已经出现骨卜方式，殷商时代已广泛使用骨卜和龟卜，于是占卜就发展成为象占的主要形式。为什么原始人认为占卜可以预测吉凶呢？这和原始人的万物有灵论有关，他们认为人事的凶吉是神的旨意，神会事先把他的旨意呈现在具有灵性的物体上，这些有灵性的东西就被作为占卜的工具，成为沟通神与人关系的手段。

商代占卜是龟卜，因为乌龟寿命长，古人认为寿命越长灵性就越重。龟卜是在龟甲上打一个小窝，再将其置于火上烘烤使其破裂，这就是“兆”，古人就根据龟甲上的裂痕的形状相光泽来判断是“凶兆”，还是“吉兆”。再把判断的结果刻在龟甲上保存下来，这就是卜辞。现在考古学家从地下发掘出来的文物中就发现大量的卜辞。占卜现象直到现代社会仍然以其不同的形式和面貌出现，如抓阄、掷币、猜号等，人们也经常依“天意”而从。

二、占卜与占候的联系

占候起源于占卜，占卜是古人遇到事有疑难，设法求助于“天”而进行的各类卜筮，古人相信这是神在指示人们的活动。商代占卜的内容几乎无所不包，由于商王几乎每事必卜，故甲骨文内容涉及商代社会的各个领域，占候占气只是众多占卜内容的之一，也与占政事、占人事、占物事混杂在一起，其中占天气、占雨的内容比较多。

西周以后，由于古代天文气候观测实践活动的经验不断丰富，先民开始根据天象、物象、光象、气象、物候等预测天气变化，在天气占卜中明显增加了先民对自然认识经验的反映，特别是进入春秋战国时期，先民形成了对日、地气候物候关系的认识总结，形成了四季《月令》，四季气候规律被基本揭示，气象预测的神秘开始被打破，一些思想家开始怀疑带迷信的占卜活动。如荀子就认为：“天行有常，不为尧存，不为桀亡。”在《荀子—天论》有曰：“雩而雨，何也？曰：无何也，犹不雩而雨也”；“天旱而雩，卜筮然后决大事，非以为得求也,以文之也";"故君子以为文,而百姓以为神。"其大意为:求神下了雨,与不求神下雨都是一样的,都没有什么;天旱求雨并非认为可以得到祈求,只是用来文饰政事罢了;君子把它当文饰,百姓把它当作神。

"占候"一词最早出现在汉代文献之中,据《辞源》解释,原意为视天象变化以测吉凶,如《后汉书·郎顗传》:"能望气占候吉凶"。汉代占候尽管还没有完全超越迷信色彩,但与商代天气占卜相比,其来自于对预测经验的积累,在自然科学性方面有很大进步,在科学方法上也有本质性区别。从历史文献分析,到汉代已经出现了专司占候(预测天气变化)的职业,或者说占候已经成为一门专业性很强的职业,据《后汉书·百官志》记载:"灵台掌候日月星气,皆属太史",灵台设有专司候气之职。据《汉书·艺志》记载汉代已经出现一些专门占候书册,如记有《泰壹杂子云雨》三十四卷,《国章观霓云雨》三十四卷,而且已经出现了气候预测专用书籍,如京房所著《易飞候》。《汉书·京房》说:"其说长于灾变,分六十四卦,更直日用事,以风雨寒温为候:各有占验。"在汉代以后,直到近代气象科学技术产生之前,中国古代气象预测一直沿着汉代的思路和经验缓慢发展,并且一直保持在世界前列。

第二节　先秦时期的气象预测

一、先秦气象预测概述

中国古代气象预测据传起自于上古时期,即在文字记载出现以前就已经出现。黄帝时,据《史记》记载,获宝鼎,迎日推筴。顺天地之纪,幽明之占。时播百穀草木,淳化鸟兽蟲蛾,旁罗日月星辰。由此可知,黄帝获得上天所赐的宝鼎,观测太阳的运行,用占卜推算历法。顺应天地四时的规律,推测阴阳的变化,并按照季节播种和驯养鸟兽蚕虫,测定日月星辰以定历法。

帝尧时，据《尚书》记载，帝尧命令羲氏与和氏，推算日月星辰运行的规律，制定出历法，把天时节令告诉人们。《史记》记载，尧帝时，乃命羲、和，敬顺昊天，数法日月星辰，敬授民时。即帝尧命令羲氏、和氏，遵循上天的意旨，根据日月的出没、星辰的位次，制定历法，谨慎地教给民众从事生产的节令。这说明在上古时期，即新石器时代就开始出现了古老的气象预测。当时，人们通过观察动植物变化来认识气候季节的变化，并形成初始的年岁季节概念；也通过天上日月和星象的变化来认识气候季节变化。

夏代，是中国第一个具有国家意义的王朝，尽管遗存到现在的文献很少，但仍可查阅到气象活动的遗迹。据传《夏小正》是我国现存最古老的文献之一，其成书时代可能在商代或商周之际，不会晚于春秋，由杞国记录整理而成，为杞国纪时纪政之典册。原载于《大戴礼记》，传文为汉戴德所编。《夏小正》集物候、观象授时法和初始历法于一体，相传它是夏代使用的历日制度，它将 1 年分为 12 个月，并载有一年中各月份的物候、天象、气象和农事等内容，同时依次载明有星象和各月动植物的生息变化和应该从事的农业活动，全文记载气候、物候、天象、农事、生活等共计达 124 项[1]。

《夏小正》记录的物候气候特征

月份	自然物候	气候	今译
正月	启蛰；雁北乡；梅、杏、杝桃则华	雉震呴；时有俊风；寒日涤冻涂	气温开始回升，动物经冬日蛰伏，雁往北迁，至春又复出活动，开始出现雷震天气，冻土表层开始涤化，梅、杏、山桃初开。
四月	囿有见杏	越有大旱	园子可见到结杏；初夏会出现旱灾。
七月	寒蝉鸣	时有霖雨	气温高，天气炎热，寒蝉鸣叫，有时雨久下不停。这时正是中原地区每年的多雨季节。
十月	黑鸟浴	时有养夜	初冬时节，乌鸦忽高飞忽低飞，时有养夜黑夜的时间很长。

从上述内容可知，夏代先民对气候、物候知识的掌握情况，实际上

人们掌握了这些规律以后，也可以用于对来年的气候、物候进行预测。

商代，我国古代出现了系统的文字，从文字记载中可以了解到当时人们进行气象预测活动的情况。商代帝王经常使用甲骨占卜吉凶，占卜中关于风、雨、雷电等方面的卜辞就可以看作属原始的气象预报。据商代甲骨文记录，不仅记载有风、云、虹、雨、雪、雷等天气现象，且有占卜预测天气的记录，有的占卜预测长达十天以上。《中国三千年气象记录总集》整理收录了 345 例有关气象记录的卜辞，其中风类 57 例、云类 20 例、雨类 106 例、雪雹类 6 类、晴雨止类 39 例、阴晦类 6 例、雾霾类 11 例、光象类 11 例、季节年月气候类 37 例、一日内气象类 24 例、多日气象变化类 28 例，卜多日气象变化，十日以上天气变化卜辞[2]。这是已知的世界上最早的天气预报记录。但商代气象预测可能还主要限于单一气象现象本身，先民对气象预测的迷信色彩很重，对气象现象之间的联系认知甚少。

至西周、春秋战国时，先民在实践中已经积累了较为丰富的观云测天经验，特别是根据日地天文季节的定位，基本掌握了各月气候、物候特征，并用这些经验作气候预测，初步掌握了谚语测天和节气测天知识。在西周时期，就形成了许多关于气候预测与农事活动相关的记载，而且形成许多早期的天气谚语，如"月离于毕，俾滂沱矣"，"朝隮于西，崇朝其雨"，其中如《诗经·豳风·七月》对逐月物候或气候特征进行了总结，根据这些总结就可以基本把握月气候特征，如有：

正月：纳于凌阴、于耜

二月：其蚤、献羔祭韭、载阳，有鸣仓庚

三月：举趾（是说去耕田）、条桑

四月：秀葽

五月：鸣蜩（蝉）、斯螽动股

六月：莎鸡振羽、食郁及薁

七月：流火、在野、食瓜、亨葵及菽

八月：在宇、断壶、剥枣、筑场圃、其获

九月：在户、叔苴、肃霜、授衣（这时开始做冬衣）

十月：陨萚（落叶），蟋蟀入我床下、获稻、纳禾稼、涤场

十一月：觱发（大风触物声）、于貉（打貉子）

十二月：凿冰冲冲、栗烈（形容气寒）

物候与气候是相关的，一定的物候变化，反映了一定的气候季节。因此，在西周时劳动人民可以通过了解气候季节掌握农事生产，也可以从一定的物候变化中了解季节。

春秋时代，先民对气候季节认识的总结不断丰富，依据气候季节预测气象的知识开始形成。相传由管子所撰的《管子》中的《幼官》保存有太公古法，就是三十节气系统，那时把一年划分给春秋两季各 8 节，冬夏两季各 7 节，每个节气 12 天，春秋两季各 96 天，冬夏两季各 84 天。其中春季的八节依次为：地气发、小卯、天气下、义气至、清明、始卯、中卯、下卯；夏季的七节依次为：小郢、绝气下、中郢、中绝、小暑至、中暑、大暑终；秋季的八节依次为：期风至、小卯、白露下、复理、始节、始卯、中卯、下卯；冬季的七节依次为：始寒、小榆、中寒、中榆、寒至、大寒、大寒终。这种划分是较古老的，施行的地域范围主要为齐、薛等国。这种节气划分不仅在于对一年天文、气候和农事活动的总结，更用于作气候预测作用。从中可知，随着古代农业经济发展，古代先民越来越重视气候与农业生产活动关系总结，并用以指导农业生产实践。

《幼官》三十节气系统表

季节	节气名	节气名	节气名	节气名	节气名	节气名	节气名	节气名	天数
春季	地气发	天气下	小卯	义气至	清明	始卯	中卯	下卯	96
夏季	小郢	绝气下	中郢	中绝	小暑至	中暑	大暑终		84
秋季	期风至	小卯	白露下	复理	始节	始卯	中卯	下卯	96
冬季	始寒	小榆	中寒	中榆	寒至	大寒	大寒终		84

春秋战国时期，人们对天气气候预测有了一些新认识，一些有探索精神的古代思想家开始注意从自然本身来认识和解释气象现

象，如《管子》有说："天时不祥，则有旱灾；地适不宜，则有饥馑；人适不顺，则有祸乱"。《荀子—天论》有曰："四时代御，阴阳大化，风雨博施。"其意为"四时一个接一个运行，阴阳相互配合，风雨普遍降下。"由此，人们对天气气候预测增加了对自然天、地、物、气之间关系的认识和探索，气象预测从开始的神秘不断转向对自然的认识。

二、先秦形成的气候节令

先秦气候预测是在大量总结天文、物候和气候现象的基础上逐步形成的。受当时科学发展水平的局限，人们只能通过对各种气候相关现象的观察形成经验性认识，然后通过这些经验性认识用于指导实践，并进行再认识和再实践。先秦时期的气候预测主要反映在天文、物候和气候变化的相关性经验总结之中，经过长期总结实践，逐步形成了对气候规律性的总体把握，并形成了重要的历史文献，战国末年的《吕氏春秋》和《礼记·月令》(一说本成于秦汉之际)均有记载。

1. 总结各月相对应的天文、气候和物候特征，用于气候预测。如《吕氏春秋·十二纪》篇记载了各月的气候、物候特征。

(1)春三月气候物候：孟春之月"东风解冻，蛰虫始振，鱼上冰，獭祭鱼，鸿雁来"，"天气下降，地气上腾，天地和同，草木萌动"；仲春之月"始雨水，桃始华"，"日夜分。雷乃发声，始电，蛰虫咸动，启户始出"；季春之月"虹始见，萍始生"，"时雨将降，下水上腾"。

春三月正常物候气候特征

春三月	物候	气候
孟春	蛰虫始振，鱼上冰，獭祭鱼，鸿雁来，草木萌动	东风解冻，天气下降，地气上腾，天地和同，
仲春	桃始华，蛰虫咸动，启户始出	始雨水，雷乃发声，始电，
季春	萍始生，	虹始见，时雨将降，下水上腾

(2)夏三月气候物候：孟夏之月"蝼蝈鸣，蚯蚓出"；仲夏之月"小暑至，螳螂生，始鸣"，"日长至，阴阳争，死生分"；季夏之月"温

风始至，蟋蟀居壁，鹰乃学习，腐草为萤。

夏三月正常物候气候特征

夏三月	物候	气候
孟夏	蝼蝈鸣，蚯蚓出	
仲夏	螳螂生，始鸣	小暑至，日长至，阴阳争
季夏	蟋蟀居壁，鹰乃学习，腐草为萤	温风始至

(3)秋三月气候物候：孟秋之月"凉风至，白露降，寒蝉鸣，鹰乃祭鸟，用始行戮"；仲秋之月"盲风至，鸿雁来，玄鸟归，群鸟养羞"，"日夜分，雷始收声。蛰虫坯户。杀气浸盛，阳气日衰，水始涸。日夜分"；季秋之月"霜始降，则百工休"，"寒气总至"，"草木黄落，乃伐薪为炭。蛰虫咸俯在内，皆墐其户"。

秋三月正常物候气候特征

秋三月	物候	气候
孟秋	寒蝉鸣，鹰乃祭鸟，用始行戮	凉风至，白露降
仲秋	鸿雁来，玄鸟归，群鸟养羞，蛰虫坯户	盲风至，雷始收声，阳气日衰，水始涸
季秋	草木黄落，乃伐薪为炭。蛰虫咸俯在内，皆墐其户	霜始降，寒气总至

(4)冬三月气候物候，孟冬之月"水始冰，地始冻，雉入大水为蜃，虹藏不见"，"天气上腾，地气下降，天地不通，闭塞而成冬"；仲冬之月"冰益壮，地始坼，鹖旦不鸣，虎始交"，"日短至"；季冬之月"冰方盛，水泽腹坚"[3]。

冬三月正常物候气候特征

冬三月	物候	气候
孟冬	水始冰，地始冻，	雉入大水为蜃，虹藏不见，天气上腾，地气下降，天地不通，闭塞而成冬
仲冬	地始坼，鹖旦不鸣，虎始交	冰益壮
季冬		冰方盛，水泽腹坚

2. 总结月季气候物候异常特征，预测气候异常。如《吕氏春

伙》篇记载,(1)春三月异常预测。孟春行夏令(时令,相当现代说法回暖过早),则雨水不时,草木蚤落;行秋令则其民大疫,风暴雨总至,藜莠蓬蒿并兴;行冬令(相当现代说法回暖过迟)则水潦为败,雪霜大挚,首种不入。仲春行秋令,则其国大水,寒气总至;行冬令,则阳气不胜,麦乃不熟,民多相掠;行夏令,则国乃大旱,暖气早来,虫螟为害。季春行冬令,则寒气时发,草木皆肃;行夏令,则民多疾疫,时雨不降,山林不收;行秋令,则天多沉阴,淫雨蚤降。

春三月异常物候气候特征

春三月异常		异常气候	异常物候
孟春	行夏令	雨水不时	草木蚤落
	行秋令	风暴雨总至	其民大疫 藜莠蓬蒿并兴
	行冬令	水潦为败,雪霜大挚	首种不入
仲春	行秋令	其国大水,寒气总至	
	行冬令	则阳气不胜	麦乃不熟,民多相掠
	行夏令	则国乃大旱,暖气早来	虫螟为害
季春	行冬令	则寒气时发	草木皆肃
	行夏令	时雨不降	则民多疾疫,山林不收
	行秋令	则天多沉阴,淫雨蚤降	

(2)夏三月异常预测。孟夏行秋令,则苦雨数来,五谷不滋;行冬令,则草木蚤枯,后乃大水;行春令,则蝗虫为灾,暴风来格,秀草不实。仲夏行冬令,则雹冻伤谷,道路不通,暴兵来至;行春令,则五谷晚熟,百螣时起,其国乃饥;行秋令,则草木零落,果实早成,民殃于疫。季夏行春令,则谷实鲜落,国多风咳,民乃迁徙;行秋令则丘隰水潦,禾稼不熟,乃多女灾;行冬令,则风寒不时,鹰隼蚤鸷。

夏三月异常物候气候特征

夏三月异常		异常气候	异常物候
孟夏	行秋令	则苦雨数来,五谷不滋	
	行冬令	后乃大水	草木蚤枯
	行春令	暴风来格	蝗虫为灾,秀草不实

续表

夏三月异常		异常气候	异常物候
	行冬令	则雹冻伤谷	道路不通，暴兵来至
仲夏	行春令		则五谷晚熟，百螣时起，其国乃饥
	行秋令		则草木零落，果实早成，民殃于疫
	行春令		则谷实鲜落，国多风咳，民乃迁徙
季夏	行秋令	则丘隰水潦，乃多女灾	禾稼不熟
	行冬令	则风寒不时	鹰隼蚤鸷。

(3)秋三月异常预测。孟秋行冬令，则阴气大胜，介虫败谷，戎兵乃来；行春令，则其国乃旱，阳气复还，五谷无实；行夏令，则国多火灾，寒热不节，民多虐疾。仲秋行春令，则秋雨不降，草木生荣；行夏令，则其国乃旱，蛰虫不藏，五谷复生；行冬令，则风灾数起，收雷先行，草木蚤死。季秋行夏令，则其国大水，冬藏殃败，民多鼽嚏；行冬令，则国多盗贼，边境不宁；行春令则暖风来至，民气解惰，师兴不居。

秋三月异常物候气候特征

秋三月异常		异常气候	异常物候
	行冬令	则阴气大胜	介虫败谷
孟秋	行春令	则其国乃旱，阳气复还	五谷无实
	行夏令	则国多火灾，寒热不节，	民多虐疾
	行春令	则秋雨不降	草木生荣
仲秋	行夏令	则其国乃旱	蛰虫不藏，五谷复生
	行冬令	则风灾数起，收雷先行	草木蚤死
	行夏令	则其国大水，	冬藏殃败，民多鼽嚏
季秋	行冬令		则国多盗贼，边境不宁
	行春令	则暖风来至	民气解惰

(4)冬三月异常预测。孟冬行春令，则冻闭不密，地气上泄，民多流亡；行夏令，则国多暴风，方冬不寒，蛰虫复出；行秋令，则雪霜不时，小兵时起；仲冬行夏令，则其国乃旱，氛雾冥冥，雷乃发声；行

秋令,则天时雨汁,瓜瓠不成;行春令,则蝗虫为败,水泉咸竭,民多疥疠。季冬行秋令,则白露早降,介虫为妖,四鄙入保;行春令,则胎夭多伤,国多固疾;行夏令则水潦败国,时雪不降,冰冻消释[3]300。在社会生产力比较低下的历史阶段,气象灾害往往会与人祸交织在一起,如为争夺食物、水源而发生冲突或战争,因此在古代往往也以预测气象而预测政事人事,放在那个时代也未必全是迷信。

冬三月异常物候气候特征

冬三月异常		异常气候	异常物候
孟冬	行春令	则冻闭不密,地气上泄	民多流亡
	行夏令	则国多暴风,方冬不寒	蛰虫复出
	行秋令	则雪霜不时	
仲冬	行夏令	则其国乃旱,氛雾冥冥,雷乃发声	
	行秋令	则天时雨汁	瓜瓠不成
	行春令		则蝗虫为败,水泉咸竭,民多疥疠
季冬	行秋令	则白露早降	介虫为妖
	行春令		则胎夭多伤,国多固疾
	行夏令	则水潦败国,时雪不降,冰冻消释	

三、先秦气象预测方法

中国古代气象预测方法,在先秦时期就已具备雏形,据记载,传说昔者伏羲氏之王天下也,仰则观象于天,俯则观法于地,观鸟兽之文,与天地之宜,近取诸身,远取诸物,于是始画八卦,以通神明之德,以类万物之情。这说明在上古时期先祖就开始了解通过现象与现象关系而预测天气变化。后经过长期的观察预测总结,逐步形成了一些比较实用的气象预测方法。

1. 根据日地天文季节预测天气。太阳是影响地球气象变化的主要因子,古人根据长期日地天文运行对天气影响观察总结,形成了根据季节预测气候的方法。《礼记·月令》曰:“仲春之月,始雨水”;“季夏之月,温风始至”;“孟秋之月,凉风至”。古代的季节划分,人们能够从总体把握季节性天气和气候变化,再根据不同季节的具体天气情况进行经验性的天气预测。

2. 根据风预测天气。风对天气的变化具有很强的指示性意义,古人早就发现了风与天气变化的关系。在先秦古代文献中,有很多关于风与天气关系的总结记述,如在《诗经·邶风·终风》篇记有“终风且暴”,“终风且霾”,“终风且曀”;《诗经·邶风·凯风》篇记有“凯风自南,吹彼棘心”;《诗经·邶风·谷风》篇记有“习习谷风,以阴以雨”;《诗经·邶风·北风》篇记有“北风其凉,雨雪其雱”,“北风其喈,雨雪其霏”。又如《吕氏春秋·慎大》记有“飘风暴雨[不终朝],日中不须臾”。《老子》有“飘风不终朝,骤雨不终日”,即狂风刮不了一个早晨,暴雨下不了一个整天。

3. 根据云预测天气。云是天气变化的直接反映,而且对后期的天气变化更有直接指示作用。在先秦的文献中云与天气关系记载也比较多,如在《诗经·小雅·信南山》中有“上天同云,雨雪雰雰”,其意为:下雪的云,在天空中是均匀一色的。也有把“同云”写为“彤云”,意思是下雪的云,色彩微带红色。在《周礼·春官·保章氏》记有“以五云(青、白、赤、黑、黄)之物,辨吉凶,水旱降,丰荒之祲象”[3]58。《礼记·孔子闲居》有曰:“天降时雨,山川出云”[3]316。在《管子·侈靡篇》中有“云平而雨不甚。无委云,雨则遬已”[4],其大意为:云块比较平坦,雨不会下得很大。下雨的时候如没有供应水分的云伴存,下雨就不会长。只有对云有过仔细观测,并且已经提高到一定的理性认识高度,才可能得出这个结论。当然,由于受科学发展的影响,先秦时人们对云的科学认识十分有限,当时难免存在许多迷信色彩和说法,如祥云瑞兆之类。

4. 根据光象、天象、星象等预测天气。这也是古人根据长期观察的实践总结,有的成为后来气象谚语。如《诗经·蝃蝀》记有“朝隮于西,崇朝其雨”[5],其意为早晨有彩虹,终朝有雨下,这可能是“朝霞不出门，晚霞行千里”谚语最早的来源。《诗经·小雅·渐渐之石》记有“月离于毕，俾滂沱矣”[5]466，其意为月亮靠近毕星，是下大雨的预兆。《书》曰：“月之从星，则以风雨”。《太平御览·天部十》引《师旷占》曰：“候月知雨多少，入月一日二日三日，月色赤黄者，其月少雨。月色青者，其月多雨。常以五卯日候，西北有云如群羊者，即有雨至矣”，“常以戊巳日，日入时、出时欲雨，日上有冠云，大者即雨，小者少雨。”现代恐无人作观测检验，不知其预测的准确概率如何。

5. 根据物象预测天气。动物植物都会根据季节和天气变化而呈现不同的反应，先秦时古人也注意到这种现象。如《诗经·豳风·东山》篇有“我来自东，零雨其濛。鹳鸣于垤，妇叹于室”[5]262。在《太平御览·天部十》引“郑玄注曰：将阴，则穴处者先知之。鹳好水，将雨，长鸣而喜也。”《诗经·郑风·风雨》还有“风雨如晦，鸡鸣不已，”即通过观察鸡鸣来预测天气。

关于先秦时期的气象预测预报方法，根据历史记载，周代预测天气已经总结出十种方法，时称“十辉之法”。如《周礼·春官宗伯》记载：“视祲：掌十辉之法，以观妖祥、辨吉凶。一曰祲，二曰象，三曰鑴，四曰监，五曰闇，六曰瞢，七曰弥，八曰叙，九曰隮，十曰想。掌安宅叙降。正岁则行事，岁终则弊其事”[3]56。《隋书卷二十一·志第十六》对“十辉之法”作了明确注解，即“《周礼》，眡祲氏掌十煇之法，以观妖祥，辨吉凶。

一曰祲，谓阴阳五色之气，昆淫相侵。或曰，抱珥背璚之属，如虹而短是也。通常指日旁云气，古代多指不祥之气。如以五云之物辨吉凶水旱丰荒之祲象，《周礼·保章氏》司农注：“谓日旁云气。”

二曰象，谓云如气，成形象，云如赤乌，夹日以飞之类是也。

三曰镌，日旁气刺日，形如童子所佩之镌也。

四曰监，谓云气临在日上也。

五曰闇，谓日月蚀，或日光暗也。

六曰瞢，谓瞢瞢不光明也。

七曰弥，谓白虹弥天而贯日也。

八曰叙，谓气若山而在日上。或曰，冠珥背璚，重叠次序，在于日旁也。

九曰隮，谓晕气也。或曰，虹也。《诗》所谓‘朝隮于西’者也。

十曰想，谓气五色，有形想也，青饥，赤兵，白丧，黑忧，黄熟。或曰，想，思也，赤气为人兽之形，可思而知其吉凶。自周已降，术士间出，今采其著者而言之”。十辉之法多属观测气象、预测气象的内容，通过“想”则把气象与人们的凶吉联系起来，在当时经济条件下自然灾害和社会灾害往往交织在一起，今天看来是迷信，古代可能既有经验总结的成分，也难免有牵强附会或迷信的方面。

第三节　秦汉至明清的气象预测

秦汉以后，中国古代气象预测有了新的发展，先民对气象预测无论在认识上，还是预测方法都有很大进步，特别是气象知识应用越来越广泛，在总结前人经验的基础上，出现了许多预测预报气候和天气的典籍，甚至专用书籍，其中汉代的易飞候、唐代的《乙巳占》和《相雨书》、明末元初的《田家五行》影响最为广泛。

一、秦汉至明清气象预测概述

秦汉时期是中国古代气象科技发展具有重大影响的时期，气象预测经验达到相当高的程度，汉代出现了许多介绍天气气候预测的文献，据《汉书·艺文志》记载，汉代已经出现一些专门占候书册，如记有《泰壹杂子云雨》三十四卷，《国章观霓云雨》三十四卷。汉代比较有名的涉及介绍和用于气候预测内容的书籍，如有《易飞候》、《淮南子》、《论衡》、《农家谚》和《探春历记》等。

京房的《易飞候》占候，据《太平御览·卷十》对其选录的内容有：(1)“凡候雨，有黑云如群羊，奔如飞鸟，五日必雨”；(2)又曰：“凡候雨，以晦朔弦望，有苍黑云、细云如杼轴，蔽日月，五日必雨”；

(3)“凡候雨,以晦朔弦望云汉,四塞者,皆当雨。东风曰雷雨,有黑云,气如覆船于日下,当雨。有黑云,气如牛彘,当雨暴。有异云如水牛,不出三日大雨。有黑云如群羊,奔如飞鸟,五日必雨,有云如浮船,皆为雨。北斗独有云,不出五日大雨。四望见青白云,名曰天塞之云,雨征也。有苍黑云,细如杼轴,蔽日月,五日必雨。云如两人提鼓持桴,皆为暴雨。”

汉代崔寔的《四民月令·农家谚》现已失传,但在其他一些典籍中引录有其中的内容,如清代《古谣谚》录有《四民月令》:“二月昏,参星夕。杏花盛。桑椹赤”,“蜻蛉鸣,衣裘成。蟋蟀鸣,懒妇惊”,“河射角,堪夜作。犁星没,水生骨”。

汉代东方朔的《探春历记》(据考证,“探春”活动为南北朝时期,此书可能为南北朝时代人托东方朔名而作)[1]259,是一部记录因立春节气所在甲子时日不同而四季不同物候的典籍,在占候方面可能是一部发轫之作,全书仅六十则文字,即以六十甲子为单元,记载于此日立春时一年四季中可能出现的不同物候,如有“甲子日立春,高田丰稔,水悬岸一尺;春雨如钱,夏雨均匀,秋雨连绵,冬雨高悬。丙子日立春,高乡丰稔,水过岸一尺;春雨多风,夏雨平田,秋雨如玉,冬雨连绵。戊子日立春,高乡丰稔,水过岸一尺,(别本云,水悬岸九寸)春雨连梅,夏雨寸岸,秋风不厚,冬雪难期”[1]259。书中没有言及人事凶吉之类的迷信内容,在当时政治、社会文化背景下实为难得。

魏晋南北朝时期,我国古代气象预测进入了兴盛期,形成了一些占候家和占候著作,其中有不少涉及有气象预测预报内容。据《三国志·魏书》(宋·裴松之注)记载:三国时期魏人,管辂字公明,年八九岁,便喜仰视星辰,辄画地作天文及日月星辰。每答言说事,语皆不常,宿学耆人不能折之,皆知其当有大异之才。及成人,果明周易,仰观、风角、占、相之道,无不精微。有一次过清河倪太守。时天旱,倪问辂雨期,辂曰:“今夕当雨。”是日旸燥,昼无形似,府丞及令在坐,咸谓不然。到鼓一中,星月皆没,风云并起,竟成快雨。于是倪盛脩主人礼,共为欢乐。辂别传曰:辂与倪清河相见，既刻雨期，倪犹未信。辂曰：“夫造化之所以为神，不疾而速，不行而至。十六日壬子，直满，毕星中已有水气，水气之发，动于卯辰，此必至之应也。又天昨檄召五星，宣布星符，刺下东井，告命南箕，使召雷公、电母、风伯、雨师，群岳吐阴，众川激精，云汉垂泽，蛟龙含灵，堃堃硃电，吐咀杳冥，殷殷雷声，嘘吸雨灵，习习谷风，六合皆同，欬唾之间，品物流形。天有常期，道有自然，不足为难也。”倪曰：“谭高信寡，相为忧之。”于是便留辂，往请府丞及清河令。若夜雨者当为啖二百斤犊肉，若不雨当住十日。辂曰：“言念费损！”至日向暮，了无云气，众人并嗤辂。辂言：“树上已有少女微风，树间又有阴鸟和鸣。又少男风起，众鸟和翔，其应至矣。”须臾，果有艮风鸣鸟。日未入，东南有山云楼起。黄昏之后，雷声动天。到鼓一中，星月皆没，风云并兴，玄气四合，大雨河倾。倪调辂言：“误中耳，不为神也。”辂曰：“误中与天期，不亦工乎！”从其记载分析，管辂已经从毕星、水气、风起、飞鸟等气候物候进行了仔细观察，并根据自己积累的经验而作出的气象预测判断，并非完全属于猜想和臆断。

《三国志·蜀书》周群传中记有：“时州后部司马蜀郡张裕亦晓占候，而天才过群。”据《晋书·郭璞传》记载：公（郭璞）以《青囊中书》九卷与之，由是遂洞五行、天文、卜筮之术，攘灾转祸，通致无方，虽京房、管辂不能过也。据《隋书·经籍志》记载，各类占书达九十七部，合六百七十五卷，其中有大量占候卷册，如《天文占云气图》一卷梁有《杂望气经》八卷，《候气占》一卷，《章贤十二时云气图》二卷，《月晕占》一卷，《日月晕珥云气图占》一卷等。

隋唐时期，中国古代科学技术在这一历史阶段进入鼎盛时期，古代天文气象学也有一些新的发展，天气气候不论在实际预测，还是在天气预测认识方面都有所进步，特别一些天文气象学家系统编纂出古代天文气象资料精粹汇编，编写出了许多天文气象方面的著作。如唐代《开元占经》是一部收集整理古代天文气象文献资料的大部著作，具有很高的历史价值。《开元占经》由瞿昙悉达主编，约在开元二年（714）瞿昙悉达奉旨领导编纂，约历时十年完成了这部有120卷之多的巨著。著作的前两卷辑录了古代天文学家的宇宙理论，从第3卷到第90卷辑录了各种天象的占法，第91卷到第102卷主要辑录了气象占，其中卷九十一为《风占》，卷九十二为《雨占》，卷九十三、卷九十四、卷九十五、卷九十六、卷九十七为各类《云气占》，卷九十八为《虹霓占》，卷九十九、卷一百为山崩与河流，卷一百零一《霜占》，卷一百零二《雷》。《开元占经》直接节录原著原文，未经编者改写，因而保存了大量原始资料得以传世，其中有许多珍贵资料是仅见于此书，正是这部书的重大历史价值和一项重要贡献。也正因如此，这部书的内容非常广泛，不可避免有很多糟粕。

唐代另外一部著名的占候著作就是李淳风的《乙巳占》，《乙巳占》成书于贞观十九年(645)，是年恰逢乙巳年，故名，共十卷。本书系将唐以前数十种星占书分类汇抄而成，作者综合了各家之说并参以经传子史及发挥己见而写成的书。在《乙巳占》中比较直接涉及气象的有日月旁气占、月晕占、气候占、云占、九土异气象占、候风法、相风占等内容，其他各占中也包括有气象内容，书中有大量言及人事凶吉之占，迷信内容较多。因此，研究《乙巳占》要注意剔除其糟粕。

唐代黄子发的《相雨书》是一部气象预测专著辑录，收集了唐以前的许多民间观测天气的经验。该书精华与糟粕杂糅，但迷信内容较少，至今不失其价值，但现存本已非原书面貌。全书共有十篇，169条，其中候气篇30条，观云篇52条，察日月并星宿篇31条，会风篇4条，详声篇7条，推时篇12条，相草木虫鱼玉石篇14条，候雨止天晴篇7条，祷雨篇3条，祷晴篇9条。这种分类对后世影响较大，后来气象预报占验分类多以此为借鉴。该书收录的内容少为谚语，多为经过实际应用验证的指标。《相雨书》预测预报天气的方法，既是对前人经验的总结，也为后人借鉴和参考，至于预测预报天气的准确性可能在不同季节和不同地区会有很大差别。从对《相雨书》观云篇分析，该著作的科学合理性应给予较高肯定,对后世影响较大。

宋元明清时期,人们对气候知识有进一步的充实,气象预测知识应用更加广泛,其中形成了一些代表性著作。如宋代陈元靓的《岁时广记》有四十二卷,博采宋代以前的时令典籍,对一些气象问题进行专题归纳,体例较为繁杂,但书中保存了一些其他典籍比较难见气象材料,如杏花雨、桃花水、凌解水、黄梅雨、送梅雨、落梅风、黄雀风等说法的来源,据载引"《提要录》:杏花开时,正值清明前后,必有雨,谓之杏花雨。古诗:沾衣欲湿杏花雨,吹面不寒杨柳风";引"《水衡记》:黄河水,三月名凌解水",等等。沈括的《梦溪笔谈》对气象内容记述较多,涉及气象及节气历法的内容有 25 则,其中峨眉宝光、闪电、雷斧、虹、登洲海市、羊角旋风、竹化石、瓦霜作画、雹之形状、行舟之法、垂直气候带、天气预报等都属气象范围,从而可以看出宋代天气预报的实践经验已比较丰富。

元代,朱思本的《广舆图》,不仅是一本地理学名著,而且也是气象预测名著,书中《占验篇》将江南及东南沿海渔夫相传的占候经验进行了辑录,并加以韵语化,使之更利于记忆和传播。根据洪世年、刘昭民的《中国气象史 · 近代前》一书介绍,《广舆图》卷之二占验篇的内容有占天测雨 2 条,占云测雨 26 条,占风测天 21 条,占日测天 17 条,占虹测天 3 条,占雾测天 4 条,占电测天 6 条,占海测天 12 条[6],这些内容经过归纳与整理,具有很好的适用性,如"暮看西北黑,半夜看风雨"、"风静郁蒸热,云雷必震烈"等。

由于农业的不断发展,观察天气的经验更加丰富,要求能用简短韵语来表达这些丰富的经验,以便于记忆和应用。这种要求日渐迫切,于是到了元代,天气谚语已经绝大部分用韵语表达了。元末明初娄元礼《田家五行》就是大量集中当时流行在太湖流域的韵语和非韵语的天气经验的专集。这本天气经验集的流行影响很大,所录的天气谚语,不胫而走,在农村造成家喻户晓、世代相传的局面。

《田家五行》在我国古代气象科学史上有较高地位,其谚语在民间流传甚广,有些天气谚语至今一些地方还在传播,如"月晕主风,日晕主雨”;“雨打五更,日晒水坑”等等。全书分上、中、下三卷,每卷分若干类,上卷为正月至十二月类,中卷为天文、地理、草木、鸟兽、鳞虫等类,下卷为三旬、六甲、气候类,具体包括有论日、论月、论星、论地、论山、论水、论草、论花、论木、论飞禽、论风、论雨、论云、论霞、论虹、论雷、论霜、论雪等等。书中记载用天象、物象来预测预报天气的农谚有 140 余条,关于长期预报的农谚有 100 余条。这些农谚从不同侧面揭示了天气、气候变化的一些规律,大都具有一定的科学性和准确性,如“东风急,穿蓑衣”,“春寒多雨水”等许多短期和长期预报农谚,用现代气象学来解读和检验,也是基本正确的。还有一些预测预报判断十分精湛,如“上风虽开,下风不散,主雨”,其意为上风方向云虽然已经散开,但下风方向云未消散,预兆将下雨。这是通过观察云的移动来判断高空气流的辐合情况,不仅观察得十分细致,在理论上也是正确的,在没有高空观测的古代,这应当是非常了不起的科学经验总结。

明末徐光启(1562—1633)的《农政全书》卷之十一《占候》篇,主要根据元末明初《田家五行》、元代陆泳的《田家五行拾遗》、明代邝璠的《便民图篡》、冯应京的《月令广义》等四部书中辑录、汇集而成。在辑录时,徐光启对个别文字有所增删,侧重选辑了大众的体验及具有适用性的内容,并且大量删去了一些明显的迷信糟粕,在纯洁天气谚语上起了一定的积极作用。《农政全书·占候》篇开始辑录了从正月至十二月的占候,接着从论日、论月、论星、论风至论走兽、论龙(说的是龙卷风)、论鱼、论杂虫共有 28 论。书中“月晕主风,日晕主雨”,“雨打五更,日晒水坑”等许多气象预测预报农谚至今还在民间广泛流传。

明末清初方以智编著的《物理小识》中有占候一类,根据天象和物象的征兆来预测天气,总结其变化规律,还搜集保存相关的谚语。其中所据天象有日月星辰、大气光象及云霞变化等,物象类有鸟兽、草木、昆虫、山水等。所预报的天气现象有风、雨、雪、阴晴、旱涝、虫灾等。如卷二“雨征”条目下共收录各种雨雪征兆 20 余条,“雨占”条目下收入根据天象、干支、时日推断未来天气变化的10多条。《物理小识》还注意到气候的区域性、地方性特征,认为天气预测虽有普遍规律,但不同地理条件下天气各具特色,所以占天的口诀、测候的谚语都具地方性特征。如中履按曰:“凡所云南耳晴北耳雨,南闪千年北闪眼前,云往东雨无踪、云往西马溅泥、云往南水涨潭、云往北好晒麦,皆以西南东北为断。然又冬夏不同,南北之地亦不同。如自楚入豫,春东北风亦不雨,江南北先雷风则不雨,桂林每雨必先起风,黔多雨,滇多西南风。其类未可执一,各自有说。”

清代杜文澜的《古谣谚》是一部辑录类典籍,采集并编入的古籍计有980多种,达100卷,收集最早的古谣谚来源上古流传的《尚书》、《诗经》等文献,对古代气象谚语收集比较集中全面。第三十七卷收录了12种农书的谚语,第三十九卷收录了《田家五行志》和《田家五行志逸文》二书的谚语,而且全是气象谚语,其他各卷也都收录有气象谚语。清代梁章钜的《农候杂占》共有四卷,凡涉及预测天气、解释天气现象或反映气候变化规律的内容都收集在内。卷一内容多引录古代文献;卷二内容多抄录《田家五行》,部分引录福建、湖南和江西一带的气象农谚;卷三内容为各种气象现象占;卷四内容为物候占,利用植物、生物对天气变化的反映来预测预报天气,多为引用《田家五行》、《师旷占》、《论衡》和《农政全书》等典籍文献。

二、秦汉至明清气象预测方法

总结归纳中国古代气象预测预报的方法不难发现,古人十分重视观察现象与现象之间的关系变化,当现象与现象之间重复出现某种对应关系时,就被总结上升为规律性的经验,对有的经验古人也力图从原理上进行回答,但由于受科学技术发展水平限制,许多回答主要来源于经验感知,揭示现象与现象之间存在的内在规律十分有限。但是,从应用视角看,古人总结形成的许多气候预测预报经验具有较强的针对性和实用性,特别是在元代以后,大量地被总结为气象谚语，使其在实践中更易于应用和传播。

在气象科学测量技术尚未出现之前，我国古代就已经总结形成了大量的天气、气候预测预报方法，应当以《相雨书》和《田家五行》两部典籍为标志，形成了中国古代比较系统的天气、气候预测预报方法。这些方法直至20世纪60、70年代，在我国县级气象站还是比较重要的补充天气预报方法。归纳秦汉至明清时期的气象预测预报方法可分为以下几类。

1. 观察天文星象预测法，主要通过观察日、月、星际变化来预测预报天气和气候。这类方法始于上古，但从秦汉至清代一直得到沿袭，直到当代在民间仍然有较多群众传播相关的知识与经验。现代气象科学研究表明，天气发生变化之前，高空气流、水汽分布和温度场都会发生变化，人们可以通过观察到的阳光、月光和星光的变化作出天气将发生变化的预判有一定的科学道理。

古代观察天文星象预测天气的经验也有分类，不仅有观日预测、观月预测、观星之区分，也有观日、月、星际的分季、分月和分时刻之变化，还有日月星与云、气、光结合之分辨。这样就使观察天文星象预测天气的方法变得十分复杂和玄奥，甚至杂合有许多迷信色彩。如《师旷占》说：候月知雨多少，入月一日二日三日，月色赤黄者，其月少雨。月色青者，其月多雨。又如《乙巳占》日月旁气占记有："日有青晕，不出旬日有大风，籴贵，人民多为病凶"，"青赤如小半晕状而在日上则为负，日重晕四负，殃大，如内乱，三日雨。"其所占内容其中既预测天气，又预测人事，类似内容很多，也包括了迷信内容。

2. 观察节令气候预测法，主要通过天文气候节令来预测预报天气和气候。根据这种方法预测预报天气、气候和农候，在中国古代源远流长，而且在民间流传甚广，特别是节令、月令和时令基本成为古代人们掌握气候和预测预报天气的重要指南。气候节令能够用于指导预测预报天气气候的科学依据是，地球区域气候的年季变化，主要是由于因季节不同太阳照射地球的区域不同而引起的变化，如果地表没有大范围改变，那么这种变化在总体和客观上就决定了一个地区年季天气和气候变化的幅度、范围和持续时间。因此，掌握节气就可以对月令气候作相应预测。

节令就是节气时令，指某个节气的气候和物候。我国的节气实际就是一个地区的平均气候状况的总结和经验概括。二十四节气就是反映黄河流域中原地区年气候特征的总结，即 2 月立春，立是开始的意思，立春就是春季的开始；雨水，即降雨天气开始，雨水量逐渐增加。3 月惊蛰，即春雷乍动，蛰伏在土中冬眠的动物开始惊醒；春分，即昼夜平分。4 月清明，即天气清洁而明净，气候适宜；谷雨，即降雨开始丰沛，利于谷类作物茁壮成长。5 月立夏，即夏季的开始，气温走高；小满，即麦类等夏熟作物籽粒开始饱满。6 月芒种，即有芒的麦子快收，有芒的稻子可种，此时节雨量充沛，气温显著升高；夏至，即夏天开始来临。7 月小暑，即气温升高，出现炎热天气；大暑，即一年中最热的时节。8 月立秋，即气温将走低，秋季开始；处暑，即炎热的暑天将结束。9 月白露，即天气转凉，露凝而白；秋分，即昼夜平分。10 月寒露，即气候从凉爽到寒冷的过渡，寒凝露水以；霜降，即天气渐冷，霜开始来临。11 月立冬，即冬季开始；小雪，即开始下雪。12 月大雪，即降雪量增多，地面可能积雪；冬至，即严寒的将来临。1 月小寒，即气候比较寒冷了；大寒：一年中最冷的时节。正常年份按照节令预测黄河流域的年气候相关性很高，其他地区可以参照一候五天，三候一个节气或迟或早预测当地年气候变化。

3. 观察旬月特定日预测法，主要通过农历一年中某旬或某月中特定日期的天气情况来预测预报未来天气气候，而且多用于中长期气候预测。这类预测预报方法起源于上古时期，一直在流传，在民间的应用和传播也十分广泛。据沈括在《梦溪笔谈》中记载"世俗十月遇壬日，北人谓之'入易'，吴人谓之'倒布'。壬日气候如本月，癸日差温类九月，甲日类八月，如此倒布之，直至辛日。如十一月遇春秋时节即温，夏即暑，冬即寒。辛日以后，自如时令。

此不出阴阳书，然每岁候之，亦时有准，莫知何谓”[7]，其意为“世间有风俗，10 月时遇到壬日那天，北方人称为入易，南方人称为倒布。壬日那天气温如本月，癸日那天比较温暖，类似 9 月，甲日那天类似 8 月。像这样倒过来推算，直到辛日那天，如 11 月。这些日子，遇到春季、秋季就温和，遇到夏季就炎热，遇到冬季就寒冷。从辛日那天以后，又如当时时令。这种现象不载于阴阳历书，但每年观测，也时时有准，不知道是什么原因”。又如《田家五行》有收录曰：“上元无雨多春旱，清明无雨少黄梅，夏至无云三伏热，重阳无云一冬晴”，在《田家五行》中各月旬都有类似特定日期。用现代气象科学来看，这种预报预测方法相当概率预报，如果运用大气运动的周期、韵律、相关性等理论进行解释也有一定的道理，但是这种预测预报方法的科学性问题仍然有待探讨和研究。

古代运用观察旬月特定日预测天气，在汉代以后的许多占候著作中均有大量记载，如《史记》说，汉朝魏鲜，以正月初一黎明时由八方所起的风，来判定当年的吉凶，即风从南方来，有大旱灾；从西南来，有小旱；从西方来，有战争；从西北方来，黄豆的收成好，多小雨；从北方来，是中等年成；从东北来，丰收年；从东方来，有大水；从东南来，百姓多疾病、时疫，年成不好。又说，还可以从正月初一日开始记雨日，以占候年成，如初一有雨，当年百姓每人每天可得一升的口粮，初二日有雨，每人每天有两升的口粮，一直数到七升为至。初八日以后，不再占卜。唐代《开元占经·雨占》中从一月至十二月对每月雨和不雨的气候年景有预测，如“二月一日风雨，谷贵禾恶；二日、七日、八日、九日，当雨不雨，道中有饿死人；九日至十五日，当雨不雨，兵起；十七、十八日，当雨不雨，虫冬不蛰；十九、二十日，当雨不雨，三月大旱；二十六日至二十八日，当雨不雨，有逆风从东来，损物。二月晦日风雨，多疾病、死亡”，又如“十二月一日风雨，来年春旱，夏多雨，谷贵；二日、四日至六日，当雨不雨，大旱；九日至十三日，当雨不雨，多大雾；二十日，当雨不雨，有角虫为贼；二十七日，当雨不雨，有大风雷。”古人采用这种预测方法，今天看是否有些迷信或者说没有科学性，但仔细分析这些预测多具有警示意义，有利于提高人们气象灾害防御的警觉性，其实与今天“有灾无灾作有灾准备、大灾小灾作大灾准备”的思想认识相近。

4. 观察物候变化预测法，主要通过观察自然植物变化或状态来预测预报未来的天气、气候变化。中国古代很早就注重观察物候变化与大自然的风、光、雨、露、温、湿等变化关系，并不断总结形成了许多经验，而且应用于天气、气候预测预报。

我国黄河流域处在中纬度地区，自然物候年季周期变化特征非常明显，一岁一枯荣的自然现象为古代先民认识时间季节变化提供客观条件，把太阳、物候、气候变化联系一起进行观察对古人来讲是一个很自然的事。因此，古代有关季节、物候和气候联系在一起的记载内容十分丰富。至元代大量被编成为农谚，这类谚语，如在长江流域至今还有实用价值的农时气象谚语，即“清明早，立夏迟，谷雨种棉正当时”，“立夏到小满，种啥都不晚”，“谷雨前后，种瓜种豆”，“寒露不钩头，割草喂老牛(晚稻迟种迟发)”；在梅雨带地区有“黄梅雨未过，冬青花未破”(冬青有的地方叫四季青，学名女贞，即冬青花未开，梅雨还未来)；浙江义乌一带有“荷花开在夏至前，不到几天雨涟涟”；“梧桐花初生时，赤色主旱，白色主水”，“枣花多主旱，梨花多主涝”等等。

现代农业气象学研究表明，物候与气候、水文、土壤条件之间有着密切关系，在气候正常年份，各种植物的生长发育都比较正常。若温湿气候出现反常或异常，植物也会反映出反常或异常现象，如生长或主干或主叶，发育来早或来迟，花期变长或变短，花色或浅或深、或白或红。这样人们也可以通过物候变化来预测预报未来的天气与气候。

5. 观察动物预测法，主要通过观察动物的反应来预测预报未来天气气候。中国古代虽然已经认识到通过观察动物的反应来预测预报天气，但对其所以然的解释则显不足。如《淮南子·人间训》曰：“夫鹊先识岁之多风也，去高木而巢扶枝”[8]。《论衡·变动篇》有曰“故天且雨，商羊起舞，使天雨也。商羊者，知雨之物也，天且雨，屈其一足起舞矣。故天且雨，蝼蚁徙，丘蚓出，琴弦缓，固疾发，此物为天所动之验也。故在且风，巢居之虫动；且雨，穴处之物扰：风雨之气，感虫物也”[9]，《论衡·实知篇》有曰：“巢居者先知风，穴处者先知知雨”[8]336。又如《五杂俎》说：“飞蛾、蜻蜓、蝇蚁之属，皆能预知风雨，盖得气之先，不自知其所以然也。”在民间有“蛇过道、大雨到”，“乌龟背冒汗、出门带雨伞”，“猫洗脸、青蛙叫雨必下”，“喜鹊搭窝高、当年雨水涝，鸟往船上落，雨天要经过，喜鹊枝头叫，出门晴天报，久雨闻鸟鸣，不久即转晴”

从以上记述可以说明，古人已经知道通过观察动物来预测预报天气、气候，但动物为什么能感知天气、气候变化的解释则不够科学。现代生物气象学研究表明，动物对天气、气候变化的反应具有其本能性，每当天气、气候发生大的变化时，其气温、气压、湿度、燥度、风、气氧含量、大气声光等都会发生明显变化，不同的动物会对其某一或某几项气象要素具有明显的体感反应，其行为会表现出反常或异常现象。这就不难解释，为什么能用鸡上窝迟来预测天气变化，因为鸡是喜干燥怕潮湿的动物，在夏季当天气将要下雨时，气压降低，湿度增大，气温升高，气流平静，鸡窝内更是潮湿闷热。因此，会出现“鸡迟上宿”的现象，所以，人们就可以通过观察动物的这些现象来预测预报天气、气候变化。

6. 观察自然物象预测法，主要通过观察物体、水体、海洋等变化来预测预报预报天气、气候。如《田家五行》有“晴干鼓响，雨落钟鸣”；“火留星，必定晴”等谚语，《论衡·变动篇》有曰，故天且雨，“琴弦缓”，《淮南子·天文训》有曰：“水胜，故夏至湿；火胜，故冬至燥。燥故炭轻，湿故炭重”，《淮南子·览冥训》曰：“知不能论，辩不能解，故东风至而酒湛溢，蚕丝而商弦绝，或感之也”，即东风至，清酒会漫溢，蚕咠丝时商弦易断。由于天气变化前后温度、湿度、气压等气象要素的变化，一些物体、物象也会随着温、湿、压变化而发生相应的物理变化。因此，通过仔细观察这些变化也能用于预测预报天气、气候。

7. 观察体感预测法，主要通过人体自身的感觉和体验来预测预报天气、气候。如《论衡·变动篇》有曰，故天且雨，“固疾发”，即将要下雨时，一些固疾旧病就会复发。如《春秋繁露·同类相动》篇也曰“天将阴雨，人之病故为之先动，是阴相应而起也；天将欲阴雨，又使人欲睡卧者，阴气也”。这说明古人已经非常注意人体感应与气象变化之间的关系，并应用于气象预测预报。同样，人体与自然大气之间时刻存在着一种比较平衡的物质交换，但如果天气将发生明显变化，就会打破这种平衡状态，人体就会作出调适性反应，人体的一些薄弱部位往往出现一些障碍，由此可以判断天气气候变化。

8. 观察天气现象预测法，主要通过观察各种天气现象之间的关系来预测预报未来的天气气候变化，如观云测雨、观风测雨、观虹测雨、听雷测雨，等等，如《论衡·寒温篇》有曰：“朝有繁霜，夕有列光”（即早晨有很多的霜，必定夜间的星既多而亮），《齐民要术·栽树》有曰：“天雨新晴，北风寒切，是夜必霜”。在古代应用这类方法预测预报天气气候十分普遍，传播也非常广泛，人们通过总结形成了非常丰富的经验，因此被收录进入占候典籍的内容也最多。古代通过观察天气现象预测天气形成了比较系统的经验方法，对一些主要天气现象均分类形成了相应预测总结，其中对云、风、光、雨预测总结最为丰富。

古代观云测天气

（1）观辨云色，即通过观察云的五色来预测未来的天气。如有“候日始出，日正中，有云覆日，而四方亦有云，黑者大雨，青者小雨”；“以六甲日，平旦清明，东向望日始出时，日上有直云大小贯日中，青者以甲乙日雨，赤者以丙丁日雨，白者以庚辛日雨，黑者壬癸日雨，黄者以戊己日雨”；“日入方雨时，观云有五色，黑赤并见者，雨即止；黄白者风多雨少；青黑杂者，雨随之，必滂沛流潦”；“日没，红云见，次日雨”等等。在民间则有乌云接日高，有雨在明朝；乌云接日低，有雨在夜里；黑云是风头，白云是雨兆；乌云接日头，半夜雨不愁；乌云脚底白，定有大雨来等天气谚语。

(2)观辨云状，即通过观察云的形状来预测未来的天气。如有"四方有云如羊猪者，雨立至"；"云若鱼鳞，次日风最大"；"黑云如羊群奔，如鸟飞，五日必雨"；"暴有异云如水牛，不三日大雨"等等。在民间则有"天上堡塔云，地下雷雨淋"；"鱼鳞天，不雨也风颠，天上钩钩云，地上雨淋淋"；"天上扫帚云，三天雨降淋"；"天上豆荚云，不久雨将临等天气预测谚语。

(3)观辨云位，即通过观察云的方位来预测未来的天气。如有"北斗独有云，不五日大雨"；"日始出，东南有黑云，巳刻雨"；"日入，西北有黑云覆日，夜半有雨"，"云在山下布满者，连宵细雨数日"等等。在民间有"云在东，雨不凶，云在南，雨冲船"等天气谚语；

(4)观辨云动，即通过观察云的流动来预测未来的天气。如有"云逆风行者，即雨也"；"天中有云乱扰者，风雨最多也"；"清晨云如海涛者，即时风雨兴也"；"四方有跃鱼云，游疾者，即日雨，游迟者，雨少难至"等等。在民间则有"西北来云无好天，不是风灾就是雹"；"云往东，刮阵风；云往西，披蓑衣"等天气谚语

(5)观辨云量，即通过观察云量来预测未来天气，具体分为四方有云、东南有云、西北有云、仅当空有云等，如有" 四方北斗中无云，唯河中有云，三枚相连，状如浴猪，后三日大雨""以丙丁辰之日，四方无云，唯汉中有云，六日风雨如常"，"四方北斗中有云，后五日大雨"，等等。

(6)观辨云时，即通过观察云出现的时间来预测未来天气，具体分为日初出时、日已出时、日没时、日中时等时刻云的形或色状来判断预测天气，如"日没时，云暗红者，或云或雨"；"午刻，有云蔽日者，夜中大雨"；"日没，红云见，次日雨"等等。在民间则有"早起浮云走，中午晒死狗"；"早怕南云漫，晚怕北云翻"；"日出红云升，劝君莫远行，日落红云升，则日是晴天"等天气谚语。

古代观风测天气。

(1)观风向,风向对于天气变化具有重要的指示意义,古人很早就开始注意风向,并对风向与天气变化的关系早有认识,至汉代各种测风工具的发明,人们对风向变化引起的天气有了更多认识。如《淮南子·天文训》说,什么叫八风?立春时条风到(即东北风),春分时明庶风到(即东方风);立夏时清明风到(即东南方风),夏至时景风到(即南方风);立秋时凉风到(即西南方风),天秋分时阊阖风到(即西方风);立冬时不周风到(即西北方风),冬至时广莫风到(即北方风)。又如《五杂组》说:“关东,西风则晴,东风则雨。关西,西风则雨,东风则晴”。“谷风,东风也。东风主发生,故阴阳和而雨泽降。西风刚燥,自能致旱。若吾闽中,西风连日,必有大灾,亦以燥能召火也”。在民间则有“南风刮到底,北风来还礼;东风下雨东风晴,再刮东风就不灵”等谚语。

(2)观风力,如《抱朴子》说:风高者道远;风下者道近。风不鸣叶者十里,鸣条摇枝百里,大枝五百里,仆大木千里,折大木五千里。三日三夕,天下尽风;二日二夕,天下半风;一日一夕,万里风。又如《开元占经》说:古云发屋、折木、扬沙、走石,今谓之怒风;一日之内三转移方,古云四转五复,今谓之乱风,乱风者,狂乱不定之象;无云晴爽,忽起大风,不经刻而止绝,绝复忽起,古云暴风卒起,乍有乍无,今谓之暴风;鸣条摆树,萧萧有声,今谓之飘风;迅风触尘蓬勃,古云触尘蓬勃,今谓之勃风;回旋羊角,古云扶摇羊角,今谓之回风,回风者,旋风也;古云清凉温和,尘埃不起,今谓之和风。在民间则有“东风急,雨打壁”等谚语。

(3)观风时,如《物理论》说:春气温,其风温以和,喜风也。夏气盛,其风熛以怒,怒风也。秋气劲,其风清以贞,清风也。冬气石,其风惨以烈,固风也。在民间则有“开门风,闭门雨”;“四季东风下,只怕东风刮不大”等谚语。还有“春天刮风多,秋天下雨多”;“春起东风雨绵绵,夏起东风并断泉;秋起东风不相提,冬起东风雪半天”等说法。

(4)听风声,如《开元占经》说:宫日风,当日雨;徵风,三日雨;羽风,五日雨;商风,七日雨;角风,九日雨;但依日数得雨,皆解。

(5)感风湿,在民间有“旱刮东风不下雨,涝刮西风不会晴”;“东风湿,西风干,北风寒,南风暖”等谚语。

除此之外,观虹蜺、雷电预测天气总结也非常多。如《开元占经》卷九八中有:“虹蜺见,雨即晴,旱即雨”,“久雨虹见即晴,久旱蜺 见即雨也”。民间有雷电“东闪空,西闪雨,南闪火门开,北闪连夜来。东南方向闪电晴,西北方向闪电雨;雷打天顶雨不大,雷打云边降大雨”等谚语。

现代气象科学研究表明,一种天气现象与另一或另几种天气现象之间既存在必然关系,也存在或然关系,如下雨必然与云有关系,可以说无云不雨,但有云则可能下雨,可能下雪、可能下雹或可能无任何降水,那么人们只要对雨云、雪云、雹云和无雨云进行长期观察和总结,就可以通过云的变化来预测预报未来天气、气候变化。在中国古代,人们已经比较普遍掌握了这些预测预报方法。

参考文献

[1] 温克刚. 中国气象史. 第 60 页、第 259 页、第 259 页. 北京:气象出版社. 2004.

[2] 张德二. 中国三千年气象记录总集. 第 194 页. 南京:凤凰出版社. 2004.

[3] 陈戍国点校. 周礼·仪礼·礼记. 第 290 页、第 300 页、第 58 页、第 316 页、第 56 页. 长沙:岳麓书社. 2006.

[4] 刘柯等译注. 管子. 第 239 页. 哈尔滨:黑龙江人民出版社. 2003.

[5] 正绅译编. 诗经. 第 85 页、第 466 页、第 262 页. 北京:中国文史出版社. 2003.

[6] 洪世年,刘昭民. 中国气象史. 第 69 页. 北京:中国科学出版社. 2006.

[7] [宋]沈括. 梦溪笔谈. 265 页. 长春:时代文艺出版社. 2002.

[8] [汉]刘安. 淮南子. 第 287 页. 北京:北京:华龄出版社. 2002.

[9] [汉]王充. 论衡. 第 193 页、第 336 页. 长沙:岳麓书社. 2006.

第四章　古代气象科学萌芽

中国古代很早就开始了对气象科学的探索，随着古代社会生产力的不断发展，人们在大量积累气象观测预测天气经验的同时，通过不断总结和探索气象活动规律，形成了许多气象科学认识，产生了古代气象科学萌芽。

第一节　从迷信到科学萌芽

人类对气象的认识经历了从蒙胧气象意识到气象神话，再到气象经验认识，最后上升到气象科学认识漫长的历史过程。中国古代气象科学认识历经了几千年的发展，但一直停止在经验认识阶段，尚处在气象科学萌芽状态。

一、从迷信开始认识气象

自然是宗教迷信最初的原始对象，气象作为与人类关系最为密切的自然现象，一开始就是人类原始宗教反映的重要内容。在旧石器时代中晚期，人类的原始思维开始形成，在这种思维支配下，人类按照自己的灵性来想象和认知自然的存在，于是产生了万物有灵的思想，由此各种精灵观念得到迅速发展，自然神发展成为人们祈求、祭祀的对象，与之有关的祭祀仪式也开始形成，自然崇拜就这样产生了。

自然气象神的产生并不是一种偶然现象。原始人类思维发展到一定水平以后，开始对自然界充满疑问，特别是对星月游弋、昼夜交替、四季循环、风雨雷电等现象困惑不解，于是人类以自己的灵性想象出了超自然的力量，自然神就这样出现了，包括风神、雨神、雷神等。自然气象神崇拜在中国古代比较普遍，如《左传·昭公元年》载曰："山川之神，则水旱、疠疫之灾，于是乎崇之；日月星辰之神，则雪、霜、风、雨之不时，于是乎崇之"[1]。自然崇拜是世界各民族历史上普遍存在的现象，也是在人类历史上流传时间最长的一种宗教形式。自然崇拜的对象是被人神灵化了的自然物，即神灵化了的天地、日月、雷雨、风云、水火等。原始人认为，包括气象在内的所有自然现象，都是有生命、意志、情感、灵性和奇特能力的"神"，会对人类的生存及命运产生各种影响。因此，对其敬拜和祈祷，希望能消灾降福，保佑平安。

恩格斯认为，一切宗教都不过是支配着人们日常生活的外部力量在人们头脑中的幻想的反映。在这种反映中，人间的力量采取了超人间的力量的形式。在历史的初期。首先是自然力量获得了这样的反映，而在进一步的发展中，在不同的民族那里又经历了极为不同和极为复杂的人格化。……但是除自然力量外，不久社会力量也起了作用，这种力量和自然力量本身一样，对人来说是异己的，最初也是不能解释的，它以同样的表面上的自然必然性支配着人。最初仅仅反映自然界的神秘力量的幻象，现在又获得了社会的属性，成为历史力量的代表者。在更进一步的发展阶段上，许多神的全部自然属性和社会属性都转移到一个万能的神身上，而这个神本身又只是抽象的人的反映[2]。恩格斯的这段话把宗教里的神灵发展分了三个阶段，即第一阶段是单纯的自然神；第二阶段是在自然神的基础上，增加了神的社会属性，并产生了社会神；第三阶段则是自然神与社会神的叠合为一。恩格斯的这种划分，应说也基本符合中国原始宗教神灵的发展过程，在中国原始宗教里，自然神主要表现为天体神，社会神主要表现为祖先神，所谓"天子"，即上天之子就是自然神与社会神的综合反映。

中国商代先民对雨神敬仰之迷信，由于迷信盛行，人们把消灾求顺的期望寄托于帝或上帝，如在《卜辞》中就有"贞舞允从雨"的记载，那时人们的社会气象活动就是神圣的政治活动，由于整个社会生产力十分落后，人们对天象、地象、气象的认识还十分幼稚，非常崇拜帝或上帝，认为气象风调雨顺或灾变、收成好坏、战争胜负都是上帝决定的。如果违背了上帝的意志，就是逆天意而行，必然会遭遇天灾天祸。那时许多天气现象都被赋予了神的含义，如风神、雨神、雷神、旱神等。面对各种气象灾害，最高统治者无能为力，只能求助于上帝。从现今保存的甲骨卜辞中发现，在“10 万片甲骨中，其中占雨的卜辞有几千条，可见占雨曾经是商王的重要职责之一”[3]，《淮南子》记载：“汤之时，大旱七年，以身祷于桑林之际，而四海之云凑，千里之雨至”[4]，从这里可以看到商代祭天求雨、祭神消灾的活动情况。

远古时代人类以自然宗教迷信的思维来自自然世界，不论现代如何评价，但它是人类认识发展史上一次飞跃，它表明人类思维开始从简单到复杂、从低级到高级，从原始的宗教观念到逐渐成熟，与此同时人类也在不断地辨识自然、求索根源，这样原始的科学认识思维运动也伴随着原始宗教产生了。因此，也可以认为人类在原始宗教思维支配下，就开始了认识气象现象的活动。

二、从自然视角认识气象

中国进入西周以后，社会生产力得到新的发展，社会生产方式随之发生了较大变化，气象与政治的联系也有新的变化。从公元前 11 世纪(西周灭商)到春秋末年(公元前 403 年)，其间出现了青铜器，春秋进入铁器时代，铁器的使用极大地提高了人们的社会生产能力。由于农耕生产发展的需要，人们对天文和气象的认识已经积累了较多经验，周人到春秋时已经有“冬至、夏至、春分、秋分、立春、立夏、立秋、立冬”八个节气的划分，并通过节气划分来表征气象季节，不仅以此来指导农耕生产，并开启了人们摆脱“帝令其雨”迷信，从自然大气本身来寻找行云降雨原因。。

春秋时期，曾子曾试根据阴阳学说解释风、雷、雾、雨、露、霰等天气现象的成因，据《大戴礼记·曾子天圆》记载，曾子认为，阴阳之气,各从其所,则静矣。偏则风,俱则雷,交则电,乱则雾,和则雨。阳气胜则散为雨露,阴气胜则凝为霜雪。阳之专气为雹,阴之专气为霰,霰雹者,一气之化也。显然,曾子的这些解释并不完全符合今天的科学认识,但却开启了从自然本身来解释天气现象发生的先河,为后人所借鉴。

"天道自然"的观念源于庄子和荀子。庄子认为,日、月、云、雨等自然现象都是自身运动的结果,因而"顺之则治"、"逆之则凶"。庄子已经认识到风是空气的流动,如《庄子·齐物论》中说,大地发出的气,就形成了风。这风不作则已,一发作则上万种不同的孔穴都会怒吼起来。他还认识到日光和风可使水面悄悄蒸发,如《庄子·杂篇·徐无鬼》说,风吹过河水就有所损失,太阳照河水也会有损减。如果风和太阳一起影响河水,河水不曾受减损的话,这是由于源头有水不断地流入。

荀子认为,气象完全是一种自然现象。他根据历史经验和自己对自然界的观察,提出了自然界变化是不以人的意志为转移的思想,基本摆脱了对气象神秘性的束缚。他认为,(1)天象、气象完全是自然现象。如《荀子·天论篇》曰:"天行有常,不为尧存,不为桀亡。应之以治则吉,应之以乱则凶"[5]。其大意为自然界的运行有自身的常规,不会因为尧的圣明而存在,也不会因桀的暴虐而消失。适应自然规律治事则天下吉安,违背自然变化规律,就会遭遇动荡混乱。(2)认为违背气象规律就会遭遇灾凶。如《荀子·天论篇》曰:"倍道而妄行,则天不能使之吉","故水旱未至而饥,寒暑未薄而疾,妖怪未至而凶"[5]347。其大意违背自然法则的妄自行动,那么天就不能使其安乐。因此,水旱灾害没有到来而饥饿就开始发生,严冬酷暑没有迫近就已经患病,各种怪异之事没有到来就已经发生灾祸。(3)天下雨是阴阳交汇的结果。如《荀子·天论篇》曰:"四时代御,阴阳大化,风雨博施"[5]348。其大意为春夏秋冬四时一个接一个运行,阴阳相互配合,风雨普遍降下,广博地沾施。(4)祈神降雨不过是文饰政事罢了。如《荀子·天论篇》曰:"雩而雨，何也？曰：无何也，犹不雩而雨也”；“天旱而雩，卜筮然后决大事，非以为得求也，以文之也”；“故君子以为文，而百姓以为神”[5]356。其大意为求神下了雨，与不求神下雨都是一样的，都没有什么；天旱求雨并非祈求可得，只是用来文饰政事罢了；君子把它当文饰，百姓把它当作神。

在总结前人知识和经验的基础上，至秦汉时期，人们对气象科学认识有了新的发展，王充正式提出天道自然观的思想。王充认为元气是天地万物的根源，天地都是含气的自然物，“人不能以行感天，天亦不随行而应人。”天象变化、自然灾异由其自然的原因造成，与人事无关。以此来解释自然界气象灾害的发生，就形成了强调天灾源于自然的灾异气象观。同时，对各种天气现象的形成进行了探索，形成了一些比较接近气象科学原理的认识。

从自然本身来探索气象现象，在中国古代一直持续，直到近代气象科学产生之前也从未中断，但由于大气观测技术没有新的发展和突破，在中国古代人们对气象认识始终停留在一种经验与感性状态，即有一些比较接近气象现象自然规律的认识，但也只一种描述性的、个别性的认识，难以形成科学性的整体认识，与现代气象科学比较只能称之为气象科学萌芽。

三、从“天人合一”认识气象

在古代气象认识史上，还存在一种以人进行类比认识气象的思想，这种思想流传非常广泛，而且影响非常大，这是汉代形成的“天人感应”的思想重要认识来源。“天人感应”的观点萌芽于先秦，后经西汉董仲舒的阐发而成为一门对中国古代具有很大影响的学说，其观点认为天人同类相通，相互感应，天人合一。祥瑞灾异是上天评判君臣品行善恶的标志性反映，君王如有德治国有方，上天就降祥瑞予以赞赏，君王无德治国有失，上天就降灾异给予警示。以此来解释自然界气象灾害的发生，就形成了天灾源于人事或人祸的灾异气象迷信思想观，对最高统治者在心理上有一定限制作用。

天人感应的思想观点认为，天可以与人发生感应关系，天有意志能主宰人类，特别是主宰王朝命运，天可以赋予人们吉凶祸福。汉代董仲舒就是其中的代表，他认为天有意志、有主宰人间吉凶赏罚的属性，如《春秋繁露·为人者天》说："人之（为）人本于天"，所以人的一切言行都应当遵循"天"意，凡有不合天意而异常者，则"天出灾害以谴告之"（《春秋繁露·必仁且智》），并认为"天"亦有"喜怒之气，哀乐之心，与人相副。以类合之，天人一也"（《春秋繁露·阳明义》）。所以这种以人为副本之"天"，不过是具有人的意志的自然全体。基于天人相副，董仲舒认为，天与人交相感应，所以人的道德或不道德都会从天那里得到赏或罚。在董仲舒看来，阴、晴、雨、雪、雷等天气现象，都是"天"的感情表征，即所谓"天有阴阳，人亦有阴阳，天地之阴气起，而人之阴气应之而起，人之阴气起，天地之阴气亦宜应之而起，其道一也"（春秋繁露·同类相动）。在今天看来，董仲舒的这些认识没有任何科学依据，但在当时社会则可能具有广泛的社会基础。

以人进行类比来认识气象的思想，在中国古代有其深厚的思想基础。中国古代哲学把人和自然界看作是有机的整体，认为世界上的一切事物都是一气相通、一脉相承。如《黄帝内经》认为，人的身体结构体现了天地的结构，《黄帝内经·灵枢·邪客》篇中说："天圆地方，人头圆足方以应之。天有日月，人有两目。地有九州，人有九窍。天有风雨，人有喜怒。天有雷电，人有音声。天有四时，人有四肢。天有五音，人有五藏。天有六律，人有六府。天有冬夏，人有寒热。天有十日，人有手十指。辰有十二，人有足十指、茎、垂以应之；女子不足二节，以抱人形。天有阴阳，人有夫妻。岁有三百六十五日，人有三百六十节。地有高山，人有肩膝。地有深谷，人有腋腘。地有十二经水，人有十二经脉。地有泉脉，人有卫气。地有草蓂，人有毫毛。天有昼夜，人有卧起。天有列星，人有牙齿。地有小山，人有小节。地有山石，人有高骨。地有林木，人有募筋。地有聚邑,人有蜩肉。岁有十二月,人有十二节。地有四时不生草,人有无子。此人与天地相应者也。”这里把人体形态结构与天地万物一一对应起来。人体的结构可以在自然界中找到相对应的东西,人体仿佛是天地的缩影。其目的在于强调人的存在与自然存在的统一性。

至汉代,天人同构的认识也比较普遍,如《淮南子·精神训》认为:“头之圆也象天,足之方也象地。天有四时、五行、九解、三百六十六日,人亦有四支、五藏、九窍、三百六十六节”。董仲舒更是明确阐述“人副天数”的思想,他在《春秋繁露·人副天数》中说,“人有三百六十节,偶天之数也;形体骨肉,偶地之厚也。上有耳目聪明,日月之象也;体有空窃理脉,川谷之象也;……天以终岁之数成人之身,故小节三百六十六,副日数也;大节二十分,副月娄也。内有五藏,副五行数也。外有四肢,副四时数也;乍视乍瞑,副昼夜也;乍刚乍柔,副冬夏也。乍哀乍乐,副阴阳也;……于其可数也副数,不可数者副类”。

古人先民不仅从外形对人与天地气进行类比,而且对人的内腑和功能与天地气进行类比。如《黄帝内经·阴阳应象大论》认为:“故清阳为天,浊阴为地;地气上为云,天气下为雨;雨出地气,云出天气。故清阳出上窍,浊阴出下窍;清阳发腠理,浊阴走五藏;清阳实四支,浊阴归六府”;“天有四时五行,以生长收藏,以生寒暑燥湿风。人有五藏,化五气,以生喜怒悲忧恐”,天气通于肺,地气通于嗌,风气通于肝,雷气通于心,谷气通于脾,雨气通于肾。六经为川,肠胃为海,九窍为水注之气。以天地为之阴阳,阳之汗,以天地之雨名之;阳之气,以天地之疾风名之。暴气象雷,逆气象阳。《淮南子·精神训》也认为:“天有风雨寒暑,人亦有取与喜怒。故胆为云,肺为气,肝为风,肾为雨,脾为雷,以与天地相参也,而心为之主。是故耳目者,日月也;血气者,风雨也”。如董仲舒认为:“天地之常,一阴一阳。阳者天之德也,阴者天之刑也。……天亦有喜怒之气、哀乐之心,与人相副,以类合之,天人一也”。他《春秋繁露·天辨在人》说:“春,爱志也,夏,乐志也,秋,严志也,冬,哀志也,故爱而有严,乐而有哀,四时之则也。喜怒之祸,哀乐之义,不独在人,亦在于天;而春夏之阳,秋冬之阴,不独在天,亦在于人。”这里既说明天气对人们心理情绪的影响,又说明了人们心理状况对天气感受的影响,春喜、夏乐、秋怒、冬哀尽管不完全概括人们的四季心理变化特征,但因四季气候变化而心境有所差别则人人能有所体验。

用现代科学来分析,以上思想认识确实有些牵强附会,它是一种现象之间的类比,类比的事物之间没有必然联系,但在古人看来是有联系的。现代不能用今天的科学认识去苛求古人,也不能完全排除人类在长期的进化中为适应环境而受到某些影响。但是,至明代方以智通过对“天人感应”与“天道自然”的研究,他在气一元论哲学思想基础上,提出了以气为中心的灾异气象思想观。他认为天象活动不会应人事改变,提出了天象一如既往地存在,从不会因人事变化而改变。他认为,出现反常天象,这既非天象本身,也非是天对人事的反映,而是由“地气”吉凶不同而产生的大气现象,即所谓“若日星之具体,本自如也,因此地气有吉凶,则此地人眼从气中窥便分祥异。故晕背风霾晴雨之候,百里有不可同观者”。人们的不同行为导致了地气的变化,地气的变化又造成了天象差异,这就把异象的发生与人们的行为联系起来了。方以智的这种气象灾异思想认识对今天科学认识气象灾害有一定的借鉴意义。

第二节 对气象形成的科学认识

中国古代气象科学从观察观测气象现象为起点,在此基础上不断总结,逐步形成了一些对气象经验事实的描述和比较明确具体的实用性科学认识,在认识方法上,多以归纳法和类比法为主,对气象现象的认识具有一定的科学性,但没有形成现代意义上的气象科学。

一、对云雨形成的科学认识

我国古代很早已开始探索云雨的形成原因,并在此基础上对云、雨、雪、雾、露、霜等形成的关系也进行了探讨,形成了一些科学合理的认识,在没有现代观测工具和手段的情况下,古代人们凭借一些非常简易的观察观测而去研究认识气象,这本身就是一件了不起的科学活动。

1. 云雨形成的认识。先秦对云雨形成的探索与认识,据《左传·僖公五年》(公元前 655 年)记载“凡分、至、启、闭,必书云、物,为备故也”[1]102,即在春分、秋分、夏至、冬至、立春、立夏、立秋、立冬之日,史官都要记载这一天观测到的云物,以便预先测知妖祥。在总结大量观察与观测的基础上,《范子计然》说“风为天气,雨为地气。风顺时而行,雨应风而下,命曰天气下、地气上,阴阳交通,万物成矣”。

《黄帝内经·素问·阴阳应象大论》认为:“地气上为云,天气下为雨;雨出地气,云出天气”[6]。其大意为地之阴气(用现代气象学解释,可称为暖气)上升形成云,上升阴气与天之阳气(上升暖气与冷气混合)结合形成雨,雨为地之阴气上升所化,云为天之阳气所作用,这里说明了行云至雨的原因,如果用现代天气学冷暖气团理解阳气与阴气(古代偏于哲学之内涵,但古代哲学与科学也没有严格界线),似乎也基本符合一定科学原理。但这一观点的进步意义,并非在于云雨形成“地气”与“天气”结合机制的科学性与否,主要在于开启了人们摆脱“帝令其雨”的迷信,而从自然大气本身来寻找降雨机制的科学思路。

从秦汉到明清,历代对气象现象发生的机理进行了不懈探索,但受政治文化和科学水平的局限,其发展缓慢,在东汉以后至清代前期,很少有理论突破。从留存历史文献分析,这一时期对气象现象理论论述比较集中,古代典籍有西汉刘安的《淮南子》、董仲舒的

《春秋繁露》、东汉王充的《论衡》，清代游艺的《天经或问》等。简略归纳历史文献对气象现象比较科学或合理的解读，可概括为以下几方面。从秦汉到明清，人们对行云致雨的认识一直在不断探索，除一些神话传说、迷信和猜想外，也有一些比较接近科学或比较合理的解释，其主要观点有：

(1)把云雨形成归于“气”的聚合。如东汉王充在《论衡·明雩篇》认为“云雨者，气也”。董仲舒在《雨雹对》中说“气上薄为雨，不薄为雾，风其噫也，云其气也”。降雨之“气”来源于地。古人很早就认识到地面水汽蒸发而升腾，用现代气象学解释天降雨水就是来源于陆面水面水汽蒸发。王充（公元 27 年—97 年）在《论衡·说日篇》指出：“雨露冻凝者，皆由地发，不从天降也”，即雨并不是天上固有的，而是由地气上蒸，遇冷“冻凝”而成的，又说“夫云出于丘山，降散则为雨矣”，“雨从地上，不从天下，见雨从上集，则谓从天下矣，其实地上也”，“夫云则雨，雨则云矣。初则为云，云繁为雨”[7]，从而比较科学地解释了降雨的机制。

董仲舒对气象的认识有许多浅陋和错误观点，但也有一些可供借鉴的方面。他在《春秋繁露·人副天数》说“地气上为云雨”，在《春秋繁露·五行对》中有曰“地出云为雨，起气为风，风雨者，地之所为”，他认为各种天气现象均为阴阳二气所至，他在《春秋繁露·五行相生》中说：“天地之气，合而为一，分为阴阳，判为四时，列为五行”。他认为阴阳四时、五行都是由气分化而产生，风、雨、雷、电、露、霜、雪等气象变化，都是阴阳二气相互作用的结果。他在《雨雹对》中说：“天地之气，阴阳相半。和气周旋，朝夕不息”，“运动抑扬，更相动薄，则薰蒿歊蒸，而风、雨、云、雾、雷、电、雪、雹生焉。”当然，现在看来这些解释并不够科学，但在 2000 多年前已经重视探索不同天气现象发生的机理仍显可贵。

(2)造成雨滴大小和降雨、雪、雹的认识。王充在《论衡·说日篇》说“云雾，雨之微也。夏则为露，冬则为雾，温则为雨，寒则为雪。雨露冻凝者，皆由地发，不从天降也”；又说“雨之出山，或谓云载而行，云散 水坠，名为雨矣。夫云则雨，雨则云矣，初出为云，云繁为雨。犹甚而泥露濡污衣服，若雨之状。非云与俱，云载行雨也”[11]150。从当时来看，王充的这些认识是很了不起，他已经认识到云雨雾露雪均为气凝结而成，而且可以相互转化。

董仲舒在《雨雹对》中谈到雨滴大小的原因认为，雨滴“二气之初蒸也，若有若无，若实若虚，若方若圆，攒聚相合，其体稍重，故雨乘虚而坠”，其意为雨滴是由小云滴受风合并变重下降而形成，他还说“风多则合速，故雨大而疏；风少则合迟，故雨细而密”，即风大使云滴合并得快，这就使下降的雨滴大而比较疏；风小使云滴合并得慢，这就使下降的雨滴细而比较密。这种从微观角度说明的雨滴形成过程，有些与现代气象科学云的形成、发展到降水的理论相符合。他谈到雨雪雹霰的区别，在《雨雹对》中认为“其寒月则雨凝于上，体尚轻微，而因风相袭，故成雪焉。寒有高下，上暖下寒，则上合为大雨，下凝为冰，霰雪是也。雹霰之至也，阴气暴上，雨则凝结成雹焉。其寒月则雨凝于上，体尚轻微，而因风相袭，故成雪焉。寒有高下，上暖下寒，则上合为大雨，下凝为冰，霰雪是也。雹霰之至也，阴气暴上，雨则凝结成雹焉。”这些解释未必科学，但可贵之处在于从风力和气温的变化来探索雨、雪、霜形成的问题，使气象现象的神秘性被自然性所代替。

2. 对云雨雪雾露关系的认识。《太平御览》天部录有《大戴礼》曰：“天地积阴，温则为雨，寒则为雪”。西汉刘熙在《释名》中曰：“雪，绥也，水下遇寒而凝，绥绥然下也。”即认为雪乃云滴或雨滴因遇寒冻结而形成。王充在《论衡·说日篇》说“云雾，雨之微也”，“温则为雨，寒则为雪”。南北朝时期，陈叔斋《籁记》记有“霰，一名霄雪，水雪杂下也，雪自上下，为温气所博。雪，水下遇寒而凝，因风相袭而成雪也”。明代方以智的《物理小识》卷二“风雷雨旸类”论及云雨霜雪的形成，多引录前人观点。如引董仲舒所云：“雹，阴胁阳也。气上薄为雨，下薄为雾。风其噫也，云其气也，雷其相击之声，电其光也。二气初蒸，攒聚相合。风多合速，雨大而疏。风多合迟，雨细而密。寒月则雨凝于上体，因风相袭成雪。寒有高下，阴气暴上，雨则凝结成雹焉。霰之流也。”方以智对其说法深为叹服，称“汉初董子早精此理”。方以智则以阴阳结合三际说理论来解释风、雨、雾、霜、雪、露、霰、电、雹的成因。如“一气升降自为阴阳，气出而冷际遏之，和则成雨”，“阳亢则为风，阳欲入而周旋亦为风”，“夜半阴气清肃而上则为雾，结则为霜。雨上冷凝为霰”，“霰坠猛风，拍开成六出片，则为雪”，“夏月火气郁蒸冲湿气而锐起，升高至冷际之深处，骤冱为雹”等。方以智发展了王充“云雾，雨之征也。夏则为露，冬则为霜，温则为雨，寒则为雪”，但也未能具体揭示云雾降水的形成机理，与现代云降水微物理学的理论相距甚远，但从接近自然科学的角度描述了云雾降水的物理过程，向科学认识云雨雾雪等气象现象迈进了一大步。

总体来看，自汉代以后至西方气象学传入之前，中国古代气象科学对云雨形成，根据经验总结虽然有许多合理的解释，但一直没有新的突破和发展，距离用现代气象科学解释还有很大差距。到明末清初西方现代气象科学知识开始传入中国，中西气象理论必有互相渗透。明末清初的中国科学家在思考气象问题时，受到西方气象理论的影响，对中国气象科学理论的发展注入了许多新的思想和理论。

二、对大气水循环的科学认识

中国古代气象科学不仅气象观测、记载和推理等方面取得了很高的成就，早在2000多年以前，先民利用“圜道”概念描述了水汽循环，与现代气象科学对水汽循环的解释有近似的认识。

在远古时代，人们普遍认为雨是天上降下来的，直到商代人们也还是这种认识，甲骨文的“雨”是象形字，“雨”像天上降落水滴的形状，《说文解字》说：“雨，水从云下”，意思是说，雨是云中降落的液体，“雨”字的本义是指“雨水”。在商代，人们为了表达求雨的心愿，经常通过占卜之类的迷信活动来寻找答案，根本不理会降雨的自然物理原因。但是,随着占卜记录的不断丰富和社会生产活动实践经验积累,一些先民开始对雨水形成的来源提出了疑问,如《楚辞·天问》就提出了“东流不溢,孰知其故?”即江河入海海不溢,其中缘故谁知情?并经过长期的观察和推理,提出了天上雨水来源于地气上升的判断。

先民了解天上雨水来源于地气上升的判断的这种认识,究竟何时形成则无从可考,但从现存的历史文献分析,《黄帝内经素问》(约公元前400余年)则记有:“地气上为云,天气下为雨,雨出地气,云出天气”,这里就比较科学地描述了成云致雨的水文现象。成书于公元前3世纪的《吕氏春秋·圜道》篇也比较完整地记述了水文循环现象:“云气西行,云云然,冬夏不辍;水泉东流,日夜不休。上不竭,下不满,小为大,重为轻。圜道也”,即揭示了地处太平洋西岸的我国水循环的途径和规律,水汽从海洋不断吹向大陆,在大陆上空回旋,凝降为雨;地上、地下的水流向海洋,日夜不息,海洋也常注不满,涓滴汇合成河海,海水又蒸发为浮云,形成水的大循环。据《庄子·徐无鬼篇》(约成书于公元前369年—前286年)记载:“风之过,河也有损焉;日之过,河也有损焉。请只风与日相与守河,而河以为未始其樱也,恃源而往者也”,其意为古风吹黄河,河水总有损耗;日晒黄 河,河水总有损耗;设想大风不止,烈日不落,守着黄河不停地吹啊晒啊,黄河也不会觉得有什么损失,因为河 源自有滔滔不绝,何必忧虑,这说明古人已经认识水面蒸发与风和日照有关。但古人的这些科学认识主要限于一种政治说理,并未上升到科学本身去研究自然规律,具有很大的历史局限性。

东汉王充(公元27—约97年)所著《论衡》一书的“顺鼓篇”中说:“天将雨,山先出云,云积为雨,雨流为水。”在《说日篇》中说:“雨之出山,或谓云载而行,云散水坠,名为雨矣。夫云则雨,雨则云矣。初出为云,云繁为雨,犹甚而泥露濡污衣服,若雨之状。非云与俱,云载行雨也”,其意为雨从山里出来,有人说是云载着雨走，云散开水落下来，就称作雨。其实云就是雨，雨就是云。刚出来是云，云浓密成雨。如果云非常浓，会像厚露浸湿衣服，跟雨淋湿衣服的样子差不多，可见不是云和雨在一起而是云载着雨走；在《物势篇》中说："下气蒸上，上气下降"。王充的这些论述对地面蒸发、行云、降雨的水循环现象作了正确的解释。他对水循环有一个很清楚的了解，以及对山在降水过程等中所起的作用范围作了评价。这说明，我国最晚到东汉时期，对云和雨的关系以及水循环的认识已经基本了解清楚，这在世界范围内都是很先进的。

随着西方科学的流入，直至前清时期，有一位名为游艺的人著有《天经或问》前、后集，以问对方式，归纳了72个问题，阐述天地万物变化的道理，书中对一些气象现象成因有一些新的认识，书中涉及的气象知识已经融合了中西气象科技成果[8]。据《四库全书·卷一百六·子部十六》介绍"艺字子六，建宁人。是书(《天经或问》)凡前后二集，此其前集也。凡天地之象，日月星之行，薄蚀朒朓之故，与风云雷电雨露霜雾虹霓之属，皆设为问答，一一推阐其所以然，颇为明晰"。但未收录其书，现在仅能看到的为日本刊本。《天经或问》以蒸发机制和水汽冷却原理解释云雨之形成，应当说比较接近现代气象科学的解释。如关于水循环问题，游艺已用类似于热量及热力学原理来阐明这一循环机制。他在《天经或问·地》中说道："日为火主，照及下土，以吸动地上之热气，热气炎上，而水土之气随之，是水受阳嘘，渐近冷际，则飘扬飞腾，结而成云。……冷湿之气，在云中旋转，相荡相薄，则旋为千百螺髻，势将变化，而万雨生焉。雨既成至，必复于地，譬如蒸水，因热上升，腾之作气，云之象也。上及于盖，盖是冷际，就化为水，便复下坠。云之行雨，即此类也。"他在这里正确地阐述了水分循环机制，以及云雨形成过程。游艺的这一思想认识较之以前的任何论述要准确、详细，强调了太阳的蒸发机制。除此之外，对风、云、雹、雷电、露、霜、雾、雪、虹、霓等也各有解释。因此，有学者认为，它是我国较早的一本有粗浅气象原理的著作[9]。

直至1871年由华蘅芳与金楷理合译的《测候丛谈》一书，具有一定的代表意义，此书已采用“日心说”，四卷分别为一般气象原理、气象要素与形成、一般推算方法、空气含水量及大气的光学现象。它全面介绍了太阳辐射加热地面、海风、陆风、台风、哈得来环流、大气潮、霜露云雾雨雪雹雷、平均值及年、日较差计算法、大气光象等大气现象和气象学理论。华蘅芳还与金楷理合译有《御风要术》、与英人傅兰雅合译有《气学丛谈》[13]325。至此，现代意义上的大气科学开始在中国传播。

三、对风雷虹现象的科学认识

1. 对风形成的认识。古代人们对风的感觉非常直接，在古代文献中对风的观察记录比较多，并已经认识风是一种气流动的现象。如庄子《齐物论》中说，“夫大块噫气，其名为风。是唯无作，作者万窍怒呺”，其大意为“大地发出的气，它的名字叫风。这风不作则已，一发作则上万种不同的孔穴都会怒吼起来”。《淮南子·天文训》说：“天之偏气，怒者为风”。《春秋繁露·五行对》说：“地出云为雨，起气为风，风雨者，地之所为”。《论衡·感虚篇》说：“夫风者，气也”。

《太平御览》卷九天部，引《河图帝通纪》曰：“风者，天地之使”；引《物理论》曰：“风者，阴阳乱气激发而起者也。犹人之内气，因喜怒哀乐激越而发也。故春气温，其风温以和，喜风也。夏气盛，其风熛以怒，怒风也。秋气劲，其风清以贞，清风也。冬气石，其风惨以烈，固风也。此四正之风也。又有四维之风：东北明庶，庶物出幽入明也；东南融风，其道以长也；西南清和，百物备成也；西北不周，方潜藏也。此八风者，方土异气，徐疾不同，和平则慎，违逆则凶，非有使之者也。气积自然怒，则飞沙扬砾，发屋拔树；喜则不摇枝动草，顺物布气。天地之性，自然之体也”。以上解释，尽管与现代气象科学解释风的形成有很大差别，但认为风是一种自然现象，由大气运动造成的观点还是值得肯定的。

2. 对雷电成因的认识。雷电在当今是一种比较平常的自然现象，但在古代人们对雷电则充满着迷信和恐惧，除了一些迷信说法外也有许多自然观的解释。如《史记·天官书》曰："天[夫]雷电、虾虹、辟历、夜明者，阳气之动者也，春夏则发，秋冬则藏，故候者无不司之"[10]。其意为"雷电、霞虹、霹雳、夜明这些现象，都是由于阳气动而产生的。春夏则出现，秋冬则掩藏，所以占候的人无不等待观察"。《淮南子·天文训》认为："天之偏气，怒者为风；地之含气，和者为雨。阴阳相薄，感而为雷，激而为霆，乱而为雾。阳气胜则散而为雨露，阴气胜则凝而为霜雪"[11]。王充《论衡·雷虚篇》中认为，雷电是由"太阳之激气"同云雨一类阴气"分争激射"而引起的，这是关于雷电成因的直观、朴素的猜测。王充用自然界本身的原因说明了雷鸣电闪只是一种自然现象，而决不是什么"天怒"。王充根据雷电发生的季节，在《论衡·雷虚篇》中提出了"实说，雷者太阳之激气也。何以明之？正月阳动，故正月始雷。五月阳盛，故五月雷迅。秋冬阳衰，故秋冬雷潜。盛夏之时，太阳用事，阴气乘之。阴阳分〔争〕，则相校轸"。"人在木下屋间，偶中而死矣"，"何以验之？试以一斗水灌冶铸之火，气激{敝衣}裂，若雷之音矣。或近之，必灼人体。天地为炉大矣，阳气为火猛矣，云雨为水多矣，分争激射，安得不迅？中伤人身，安得不死？""雷者，火也"[11]87。王充既驳斥了所谓"夏秋之雷为天大怒，正月之雷为天小怒"之说，认为雷电击人是一种自然现象，而且试用斗水灌冶铸实验法来说明问题，尽管与现代科学不符，但也是一种了不起的认识见解。

在中国古代，人们没有现代科学中电的概念，也就不可能用正负电荷去解释雷电现象，古人主要用阴阳哲学理论去解说雷电的形成。如《淮南子·地形训》说"阴阳相薄为雷，激扬为电"。其意为阴阳二气彼此相迫产生雷，相互急剧作用产生电（显然，古人并不知道雷声和电光是同时产生的现象）。历史上此类论述很多，是中国古代传统的雷电成因理论。但是，这一理论要发展成为近代物理学的雷电成因说，还有相当大的距离。作为一种文化现象，在我国民间一直流传有打雷是雷神发怒的迷信说法。

3. 对虹霞和光晕现象的解释。《列子·天瑞》篇也有“虹蜺也，云雾也，风雨也，四时也，此积气之成乎天者也”[12]之说。《论衡·变动篇》说：“白虹贯日，天变自成，非轲之精为虹而贯日也”。《梦溪笔谈·异事》说：“虹乃雨中日影也，日照雨则有之。”朱熹在《朱子语类》中有“虹非能止雨，而雨气至是已薄，亦是日色射散雨气”的说法。清代游艺认为“霞者，云正受日光则透白，虚斜相交则起色，皆假日之光或成五彩也……” 即“霞”是由于云受太阳光照射虚实相交后而形成了五颜六色的光象，这与现代气象学对“霞”的解释极为相似，都认为“霞是由于大气对日光的散射作用而产生的一种自然现象。”还认为“晕乃空中之气直逼日月之光围抱成环，其有缺者、有围者、抱者、背者、薄者、厚者，皆是气所注射，又有一等气在天上，外浅中深如井者，深是气厚处日光所照，一般浅系气薄日照之，故白色如井栏等。”即晕是由于日月光线透过卷层云时受折射作用而形成的。大气的厚薄程度不同，日晕和月晕的形状也大小不一。

四、对奇异气象现象的认识

在古代，人们对自然中光象和许多奇异气象现象无法理解。因此，经常产生恐惧，甚或迷信。用迷信的思维，一切需要回答的难题都可以得到“合理”的说法。如《墨子·非攻下》记载雨血和寒夏现象：“昔者，三苗大乱，天命殛之，日妖宵出，雨血三朝，龙生于庙，犬哭乎市，夏冰，地坼及泉，五谷变化，民乃大振”[13]。当时，人们大都认为这是天意对人们的惩罚或昭示。人们对一些奇异光现象的解释也充满迷信，如《淮南子》说“虹蜺者，天之忌也。”

但是，在古代一些先进的思想家和科学家对认识奇异气象现象和光现象也进行了不懈探索。如东汉王充认为在以往的文献中有许多奇异记载是虚构的并不真实，而对有些存在的现象则进行了合理解释，其中对“谷雨”形成的认识，他说“夫谷之雨，犹复云布之亦从地起，因与疾风俱飘，参于天，集于地，人见其从天落也，则谓之天雨谷”，又说“建武三十一年（公元55年）中，陈留雨谷，谷下蔽地也。案视谷形，若茨而黑，有似于稗实也。此或时夷狄之地，生出此谷。夷狄不粒食，此谷生于草野之中，成熟垂委于地，遭疾风暴起，吹扬与之俱飞，风衰谷集，坠于中国。中国见之，谓之雨谷”。这里已经说明谷雨中的“谷”是从地上由风刮起以后又随雨而下落的（与现代科学解释基本相同）。在《论衡·感虚篇》说：“以云雨论之，雨谷之变，不足怪也。何以验之？夫云〔雨〕出于丘山，降散则为雨矣。人见其从上而坠，则谓之天雨水也。夏日则雨水，冬日天寒则雨凝而为雪，皆由云气发于丘山，不从天上降集于地，明矣”[11]69。

古人对海市蜃楼多有记述，自《天官书》始开蜃吐气之说，历代相沿。对这一说法，宋人已开始怀疑，如沈括《梦溪笔谈》：“或曰‘蛟蜃之气所为’，疑不然也。欧阳文忠曾出使河朔，过高唐县，驿舍中夜有鬼神自空中过，车马人畜之声一一可辨，其说甚详，此不具纪。问本处父老，云：‘二十年前尝昼过县，亦历历见人物。’土人亦谓之‘海市’。与登州所见大略相类也”[14]。这里以欧阳修于河朔见海市为例，沈括怀疑蜃气说。明人陆容《菽园杂记》提出了“山川之气掩映日光说”，如《菽园杂记》记述：“蜃气楼台之说，出《天官书》，其来远矣。或以蜃为大蛤，《月令》所谓’雉入大海为蜃’是也。或以为蛇所化，海中此物固多有之。然滨海之地，未尝见有楼台之状，惟登州海市，世传道之，疑以为蜃气所致。苏长公《海市诗序》谓其尝出于春夏，岁晚不复见。公祷于海神之庙，明日见焉。是又以为可祷而得，则非蜃气矣。《辽东志》云：‘辽东东南皆山也，其峰峦叠翠，葱茜可观，当夏秋之交，时雨既霁，旭日始兴，其山岗凝结，而城郭楼台草木隐映，人马驰骤于烟雾之中，宛若人世所有。虽丹青妙笔，莫尽其状。古名登、莱海市，谓之神物幻化，岂亦山川灵淑之气致然邪’？观此，则所谓楼台，所谓海市，大抵皆山川之气掩映日光而成,固非蜃气,亦非神物”。方以智《物理小识》也否定了海市蜃气说,并从自然科学的角度进行解释,认为因为大气的作用,如《物理小识》记述:“气映而物见,雾气白涌,即水气上升也,水能照物,故其气清明,上升者亦能照物,气变幻则所照之形亦变幻,暄邑近南关内有一小池,一日近晡见有一骑倒影西岸水中,北驰而过,此所谓空中一大镜,水沤窗隙则转映之小镜也,地上人物空中无时不有特气聚,则显耳,故下论山海都地悉得见之中,通曰:空气之摄影自下而上,池水之摄影自上而下,故影皆倒山海之气,横摄市影故影皆顺”。

第三节　对二十四节气的科学认识

二十四节气,是我国独创的天文气候历,是研究太阳、地球和大气关系基本运动规律的重大科学成果,特别对于太阳直射在地球表面北纬和南纬度 23.5 度范围呈年周期性变化的认识,这是中国古代一个十分了不起的重大科学发现,可以说它对人类文明贡献与发现地球引力、发现日心说具有同样的意义,而对中国古代农业所产生的经济社会效益超过了任何一项科学发明和发现。二千多年来,对指导我国农业生产发挥了重要作用,至今仍在广大农村流传和沿用。

一、二十四节气的认识形成

早在 7000 多年以前,我国原始农业就已经出现了南北分野,北方以粟作为主,南方以稻作为主的农业格局。农业生产有很强的季节性,春播、夏耘、秋收、冬藏,周而复始,年复一年 。在远古时代,中国先民很早就掌握了反映农业生产特点的历法知识。相传,古代有黄帝、颛顼、夏、商、周 、鲁六家历法,殷墟甲骨文中已经有了历法纪年。在西周以前,一年只分春秋两季节,如《诗经》记有:“春秋匪懈,享祀不忒”,又如鲁国的编年史叫《春秋》,也是因为在上古时一年只分春秋两季,《春秋》类似现今编写的年鉴。在甲骨文虽已出现"冬夏"二字,但"冬"意为冰天雪地,"夏"意为暑热天,"冬夏"用于表示季节概念则在西周以后。

二十四节气是在四时八节基础上发展起来的。殷周之交已分四时,春秋时代已有分(春分、秋分)、至(夏至、冬至)、启(立春、立夏)、闭(立秋、立冬)八节。到战国晚期就形成了比较完整的二十四节气体系(天文位置已确定)。二十四节气是阴阳历确定月名月序和设置闰月的凭藉,也是农事活动的主要依据。节气由太阳位置决定,反映太阳的视角运动。西汉初年制定的《太初历》,二十四节气起了非常重要的作用,明确以没有中气的月份为闰月,调整了太阳周天与阴历纪月不相合的矛盾。后来,该历法经由西汉末刘歆改造而成《三统历》,又历经多个朝代的改进,基本形式没变。

二十四节气的测定是古人在长期观测日影变化的基础上总结形成的。在原始社会,人们就发现了树木、高山等物在太阳光照射下的影子变化,随着太阳变化而呈现一定规律。先民就有意识地在平地上直立一根竿子或石柱来观察影子变化,这根立竿或立柱称为做"表",对表的影子长度和方向用尺子测量表影就知道了时辰。在测量中人们发现正午时的表影总是投向正北方向,人们就用石板制成的尺子平铺在地面上与立表垂直,用石板制成的尺子就称为"圭"。正午时表影投在石板上,就能直接读出表影的长度值,而且人们发现其长度值每天都有变化。经过长期观测,古人发现一天中表影在正午最短,一年中夏至日正午表影最短,冬至日正午表影则最长。这样就可以正午时的表影长度来确定节气和一年的长度。

立竿测影,是古代中国天文学观测天体位置,起始年代现在难以考证。中国古代最早测量日影定制节气的工具就是圭表,其具体创制年代已无可考,但早在商周时期或者更早就已使用。在远古时代,人们日出而作,日没而息,从太阳每天有规律地东起西落,就比较直观地感觉到太阳与时间的关系,也感觉到气温的变化关系，那么如何通过掌握太阳在天空中的位置来确定时间、来确定人们的活动安排。这在古代是一个非常了不起的思考和特别重大的命题。据记载，大约在三千年前，西周丞相周公旦在河南登封县设置过一种以测定日影长度来确定时间的仪器，称为圭表，这可能是世界上最早的计时工具。至元代，天文学家郭守敬在周公测时的地方，设计并建造了一座测景，台高达 9.46 米，从台体北壁凹槽里向北平铺石板建筑组成，高台为表，平铺台北地面为石圭，即“量天尺”。这件巨大的“圭表”大大提高了测量的精度。我国以圭表测时，一直延至明清，现在南京紫金山天文台的一具圭表，为明代正统年间(1437－1442 年)建造。

根据比较可信的记载，利用圭表测量日影应早于公元前 7 世纪。如《尚书·尧典》中记载：“日中(春分)”、“日永(夏至)”、“宵中(秋分)”、“日短(冬至)”[15]。这说明那时已经有春分、夏至、秋分、冬至四节气的划分。《周礼》也有记载：“以土圭之法测土深。正日景，以求地中。日南则景短，多暑；日北则景长，多寒；日东则景夕，多风；日西则景朝，多阴。日至之景，尺有五寸，谓之地中，天地之所合也，四时之所交也，风雨这所会也，阴阳之所和也。然则百物阜安，乃建王国焉。”至春秋时代，已明确记载使用圭表测量连续两次日影最长和最短之间所经历的时间，并计算出回归年的长度。现在保留下来我国最早的冬至时刻的观测记录是在春秋时期的鲁僖公五年(公元前 655 年)，据《左传·僖公五年(公元前 655 年)》记载：“五年，春，王正月，辛亥，朔，日至南(冬至)”[1]120。

圭表是测定正午的日影长度以定节令，定回归年或阳历年。在很长一段历史时期内，我国所测定的回归年数值的准确度居世界第一。通过进一步研究计算，古代学者还掌握了二十四节气的圭表日影长度。这样，圭表不仅可以用来制定节令，而且还可以用来在历书中排出未来的阳历年以及二十四个二节令的日期，作为指导农事活动的重要依据。从理论上说，测得相邻两次冬至时刻，就能求得回归年的长度。在春秋时期末年(公元前五世纪)，开始使用“古四分历”,规定一年有365天另6小时,这是当时世界上所使用的时间最精密的历法。

我国的成文历法从周末开始,春夏秋冬四季和年的时间概念被确立,可以推测在周末和春秋、战国之间。冬至、夏至在战国时期以前称作“日南至”、“日北至”,表明冬至是一年中日在南最低位置的一天,日影最长,夏至是日在南最高位置的一天,日影最短。由于冬至影长,夏至影短,冬至的测定结果比夏至要精确一些。古代对“四立(立春、立夏、立秋、立冬)、二分(春分、秋分)、二至(夏至、冬至)”认识比较早,在《礼记·月令》中已经记载有“孟春之月,以立春;仲春之月,日夜分;孟夏之月,以立夏;孟夏之月,日长至;孟秋之月,以立秋;仲秋之月,日夜分;孟冬之月,以立冬;仲冬之月,日短至”。[16]

战国后期,在《吕氏春秋》“十二月纪”中,就有了立春,春分,立夏,夏至,立秋,秋分,立冬,冬至等八个节气名称。这八个节气,是二十四节气中最重要的节气,已能清楚地划分出一年的四季。春秋战国时期,古人对天文、气候和物候节气已进行系统总结,如《黄帝内经·素问·六节藏象论》曰:“五日谓之候,三候谓之气,六气谓之时,四时谓之岁”[17],其意为“五天为一候,三候为一个节气,六个节气为一时,四时为一年”,二十四节气、七十二候划分比较清楚。关于节气的名称,在《逸周书·时训解》和《月令》等古典文献中,对每个月、每个节气、各候的气候、物候和天气特征进行了总结和归纳,但还不够完整。

至汉代《淮南子》一书的时候,形成了与现代完全一致的二十四节气名称。据《淮南子·天文训》记载:距日冬至四十六日而立春,加十五日指寅则雨水。加十五日指甲则雷惊蛰。加十五日指卯中绳,故曰春分则雷行。加十五日指乙则清明风至。加十日指辰则谷雨。加十五日指常羊之维则春分尽,故曰有四十六日而立夏。加十五日指巳则小满。加十五日指丙则芒种。加十五日指午则阳气极,故曰有四十六日而夏至。加十五指丁则小暑。加十五日指未则大暑。加十五日指背阳之维则夏分尽，故曰有四十六日而立秋。加十五日指申则处暑。加十五日指庚则白露降。加十五日指酉中绳，故曰秋分。加十五日指辛则寒露。加十五日指戌则霜降，。加十五日指蹄通之维则秋分尽，故曰有四十六日而立冬。加十五日指亥则小雪。加十五日指壬则大雪[4]45。在这段记载中包括了二十四节气之名，这是中国历史上关于二十四节气最早最完整的记载，二十四节气之名一直沿用至今，历时2000余年，这在人类科学发展史上和文化发展史上是一项了不起的成就。

二、二十四节气的科学性

现代气候学是有了现代气象仪器数据观测以后，才逐步发展起来的一门自然学科。地球气候表现出的是一种大气运动情况，但影响大气运动最主要的因素还是太阳、月亮、地形和地理位置。在现代气候学学科建立之前，中国古代把太阳、月亮、地象和气象观察观测结合起来研究基本气候规律，从各种自然现象的关系中揭示气候变化规律，应当说这是一项了不起的实验性气候科学研究。

1. 划分二十四节气把握气候规律。古代先民在日常生活中已最直接地感受到从每天的气温变化与太阳升与落有关，当时尽管对太阳具有神的崇拜，但从太阳变化来解释发生在自己周围的气象变化，这就在不知不觉中做出了具有科学意义的选择。随着观察太阳变化经验的不断积累和丰富，先民从植物的一年枯荣和农业生产的周年变化中，也感受到一年的气温变化同样与太阳的位置有关。如何知道太阳的位置变化，人们开始可能从太阳照射的高山、大树、房屋等的影长中受到启发。通过测影定位，发现太阳与地球相对运动的规律。二十四节气从日地位置变化提供了比较准确周年时间表。地球一年(365.5时48分46秒)绕太阳公转一周，古代把地球上看成是太阳一年在天空中移动一圈，其移动路线叫作“黄道”。春分、秋分，黄道和赤道平面相交，此时黄经分别为0度、180度，太阳直射赤道，昼夜相等。夏至、冬至，太阳分别直射北纬、南纬23.5度，黄经分别为90度、270度，前者北半球白昼最长、后者北半球白昼最短。这样，一年就可划出春分、夏至、秋分、冬至四个时间段，大约在春秋战国时开始又把每段分成为6小段，全年被分为24小段，每小段约15天左右，这样全年就共有24个节气，二十四节气确定了太阳直射地球的轨迹变化。这种日地关系的时间划分看似一个天体关系的天文问题，其实不然，它最根本意义在于四季气候划分。现代气候学多以地理纬度划分气候带，而二十四节气则以日地的时间变化划分气候季节，它的科学意义在于直接从影响大气运动的太阳位置变化来认识气候季节，这就从根本上找到了影响气候季节变化的关键因子。

2. 二十四节气反映了我国气候基本特征。二十四节气划分基本反映了季节、气候、物候等自然现象的变化。

(1)反映气温的节气，四立(即立春、立夏、立秋、立冬)反映了四季的开始，小暑、大暑、处暑、小寒、大寒五个节气反映气温的变化，用来表示一年中不同时期寒热程度，有统计认为，其中立春、立冬、立夏对黄河中下游地区这一天的平均气温具有明显的指示意义。

(2)反映降水的节气，有雨水、谷雨、白露、寒露、霜降、小雪、大雪七个节气，大部分在春播和秋播季节，强调水分对农业生产的重要作用。雨水节气表示降雨开始和雨量开始增多两个含义，在这些节气中白露、寒露和霜降虽是降水现象，反映的是地面水汽凝结状态，实质上反映出了气温逐渐下降的过程和程度，气温下降到一定程度，水汽出现凝露现象；气温继续下降，不仅凝露增多，而且越来越凉；当温度降至摄氏零度以下，水汽凝华为霜。降水节气同时也表明了气温的变化，在同季节由于气温条件不同，降水的形态会发生变化。

(3)反映光照时长转折的节气，二分二至(即春分、秋分、夏至、冬至)反映了四季太阳光照的时差转折变化，其中春分、秋分反映了日照时间与夜间时间一般长,夏至日照时间最长,冬至日照时间最短。光照节气也是气温和天气变化的时间转折点。

(4)反映雷电和物候的节气,惊蛰、清明反映的是自然物候现象,尤其是惊蛰,它用天上初雷和地下蛰虫的复苏,来预示春天的回归。

3. 二十四节气的科学应用。注重二十四节气的广泛推广应用,在中国古代更是一项了不起的成就。从二十四节气形成来看,它的意义并非完全限于农业发展的需要,但形成以后对指导农耕生产作用是不可低估的,而且农耕生产发展应用又推动了二十四节气的不断完善。汉代民间天文学家落下闳,被召参加《太初历》创制,落下闳第一次把二十四节气纳入历法,此一作法,奠定了春节的基础,同时也是遗惠千秋万代的创举,二千年来对中国的农牧业生产和人民生活起了极为重要的作用。《太初历》中,首次将二十四节气编入,与春种、秋收、夏忙、冬闲的农业节奏合拍,并制定了确定闰年的方法和以“雨水”这个节气所在的月份为正月、“以孟春正月为岁首”的历法制度。“孟春”是春季第一个月,以正月初一为一年第一天,称为“元旦”。二十四节气中的“立春”常会出现在春节前后。从此,中国人迎接新年与迎接春天真正吻合了。从农业气候角度分析,二十四节气推广应用对指导农业生产具有以下重大意义。

(1)为农业生产准确把握天时提供了时间尺度。种植农业生产必须准确把握天时,古代先民从千百万次的生产实践中总结出了这一规律性的认识。如何掌握天时,二十四节气从日地位置变化给人们提供了比较准确的周年时间表。地球一年(365 天 5 时 48 分 46 秒)绕太阳公转一周,古代把地球上看成是太阳一年在天空中移动一圈,其移动路线叫作“黄道”。春分、秋分,黄道和赤道平面相交,此时黄经分别为 0 度、180 度,太阳直射赤道,昼夜相等。夏至、冬至,太阳分别直射北纬、南纬 23.5 度,黄经分别为 90 度、270 度,前者北半球白昼最长、后者北半球白昼最短。这样,一年就可划出春分、夏至、秋分、冬至四段，大约在春秋战国时开始又把每段分成为 6 小段，全年被分为 24 小段，每小段约 15 天左右，这样全年就共有 24 个节气，二十四节气确定了太阳直射地球的轨迹变化，这就使农业生产从总体上掌握了天时季节，各地再根据当地地理位置和当年季节临近天气情况确定生产种植时间就不难了。

(2)为农业生产提供了短期气候预测。气候预测直到现代也是比较难以解决的重大自然科学难题，但古人从日与地的天文关系来预测年度循环的气候变化无疑是一项十分了不起的伟大创造。如果从气候预测的角度来解读二十四节气，那么可以说二十四节气是对一年分每半月的气候预测，用现代语言表达就是相当于气候预测月历。二十四节气对指导农业生产来讲，既可以认为是气候概率的总结归纳，也可以认为具有气候预测功能，其中气温和降水概率与预测对指导农业生产意义尤其重大，

(3)围绕二十四节气形成了丰富的农候经验。特别在长江、黄河流域各地根据二十四节气，结合当地实际形成了丰富多彩的与种植农业相关的农候谚语。如长江流域反映农候播种与收割的谚语，有“清明前后，种瓜种豆”，“芒种不种，过后落空”，“春分浸种，清明下秧，谷雨抢插，大暑忙收(早稻农时)”；“麦到小满，谷到秋，寒露才把豆子收”(反映收割时间)。反映年景的谚语，如有“立春三场雨，秋后不缺米”，“麦怕清明连夜雨，谷怕寒露来北风”，“立秋下雨万物收，处暑下雨万物丢”，“清明热得早，早稻一定好”，“晚霜伤棉苗，早霜伤棉桃”，“今冬大雪飘，明年收成好”。在自然条件下，这些围绕二十四节气形成的农候经验非常适用，其经验知识也易于掌握和传播，至今在农业生产中仍然在发挥着重要作用。

参考文献

[1] 莫涤泉. 左传文白对照. 第 590 页、第 102 页、第 120 页. 广西民族出版. 1996.

[2] 恩格斯. 反杜林论. 马克思恩格斯选集. 第 3 卷第 354 页. 北京:人民出版社,1973.

[3] 唐汉. 汉字密码. 第 263 页. 上海:学林出版社. 2001.

[4] [汉]刘安. 淮南子. 第 137 页、第 45 页. 北京:华龄出版社,2002.

[5] 蒋南华译注. 荀子全译. 第 346 页、第 347 页、第 348 页、第 356 页. 贵阳:贵州人民出版社,1995.

[6] 唐赤容编译. 黄帝内经. 第 24 页. 北京:中国文联出版公司. 1998.

[7] [汉]王充. 论衡. 第 150 页、第 150 页、第 87 页、第 69 页. 长沙:岳麓书社. 2006.

[8] 温克刚. 中国气象史. 第 295 页、第 325 页. 北京:气象出版社. 2004.

[9] 洪世年、刘昭民. 中国气象史. 第 101 页. 北京:中国科学出版社. 2006.

[10] [汉]司马迁. 史记. 第 200 页. 长沙:岳麓书社. 1997.

[11] 杨坚点校. 吕氏春秋 · 淮南子. 第 232 页. 长沙:岳麓书社. 2006.

[12] 王强模译注. 列子全译. 第 21 页. 贵阳:贵州人民出版社,1993.

[13] 周才珠等译注. 墨子全译. 180 页. 贵阳:贵州人民出版社. 1995.

[14] [宋]沈括. 梦溪笔谈. 第 193 页. 长春:时代文艺出版社. 2002.

[15] 张玲编. 尚书第 2 页. 珠海:珠海出版社. 2003.

[16] 陈戍国点校. 周礼 · 仪礼 · 礼记. 第 290 — 299 页. 长沙:岳麓书社. 2006.

[17] 唐赤荣编译. 黄帝内经. 第 47 页. 北京:中国文联出版公司. 1998.

第五章　古代气象知识应用

在我国古代，人们很早就把已经掌握的有关气象知识和成果广泛应用于农业、军事、医疗、建筑等领域，并形成了丰富的应用气象知识和经验，对中国古代经济生产和社会发展发挥了重要作用。现代一般把气象知识应用简称为气象应用。

第一节　古代农业气象应用

一、农业气象应用概述

农业生产的季节性很强，气象条件是与农业生产紧密相连的自然环境。即使最简单的种植、养殖生产活动也必须根据气候的冷暖、干湿、光照的季节变化，因时而作，因地制宜。由于古代农业生产的需要，促使先民去观察、认识气象环境与农业的关系，因此中国古代农业产生之时，也是古代农业气象知识的萌芽之时。

我国古代以农业文明著称于世，而掌握天时则是从事农业生产活动基本要求。我国古代农业应用气象知识起源很早，积累非常丰富。据传《夏小正》是我国最早历史文献之一，它集物候、气候、观象授时法和初始历法于一体，相传是夏代使用的历日制度，它将 1 年分为 12 个月，并载有一年中各月份的物候、天象、气象和农事等内容，同时依次载明了每月的星象、动植物的生息变化和应该从事的农业活动，全文记载气候、物候、天象、农事、生活等共计达 124 项[1]。

《月令》是《礼记》中的重要篇章，它是我国古代最早的有关气候、物候和农候季节关系的重要文献，它主要以月为单位，叙述了十二个月不同的星象 、物候、气象所对应的五行，以及国君依照季节的更迭所应举行的祭祀活动和颁行政令,劳动人民主要用以指导从事农业生产。成书于战国时代的《逸周书·时训解》中已经开始把一年分为七十二个五天(至《黄帝内经》时称"候"),每个节气为三个候,每节每候都有相应的物候现象。这是中国最早的结合天文、气象、物候知识用以指导农事活动的历法,它把"气"与"候"密切结合,形成了最早的农业气候概念。

古代非常重视气候与农事的关系,战国时孟轲提出了"不违农时,谷不可胜食"的思想,荀况有"春耕、夏耘、秋收、冬藏四者不失时,故五谷不绝,而百姓有余食也"[2]的论述,均说明了当时对农时之重视。在形成于战国末年的《吕氏春秋》一书中就载有许多关于农业气象知识的著述,如在《辨土》篇中曰:"所谓今之耕也,营而无获者:其早者先时,晚者不及时,寒暑不节,稼乃多菑"[3],即非常强调抢夺农时,误时误节稼将多灾。在《审时》篇中指出"凡农之道,候之为宝。种禾不时,必折穗。稼就而不获,必遇天菑","得时之稼兴,失时之稼约(即长得差,减产)"[3]206。在本篇中详述了根据农事季节先时、得时、后时和失时对有关作物生长、发育、产量和品质的影响,"得时之禾,长稠长穗,大本而茎杀,疏穖而穗大;其粟圆而薄糠;其米多沃而食之强;如此者不风。先时者,茎叶带芒以短衡,穗巨而芳夺,秮米而不香;后时者,茎叶带芒而末衡,穗阅而青零,多秕而不(满)〔盈〕"[3]205。

秦汉时期,从秦统一中国到汉末,农业二十四节气、七十二候的形成,它基本反映了黄河中下游地区的农业气候特征,对指导我国古代农业经济生产发挥了重要作用。西汉刘安等编著《淮南子》,在其书《天文训》篇中对二十四节气的记载比较完整,二十四节气名称一直沿用到当代。西汉《氾胜之书》是现今流传下来最早的农书,但原书已于宋代失传,其记述只是在《齐民要术》中造辑下来的残篇。在《氾胜之书》中二十四节气已被用于指导耕作栽培选定的适宜时间,在耕作技术方面也有新成果,如《氾胜之书》在总结春耕、夏耕和秋耕的适耕期时,指出"以时耕田,一而当五,名曰膏泽,皆得时功";

“五月耕，一当三，六月耕，一当再；若七月耕，五不当一”。反之，耕不及时而出现的“脯田”与“腊田”都是耕坏了的田。这种田，土壤坚硬干燥，长不好庄稼。《氾胜之书》还载有，冬雨雪“则立春保泽，虫冻死，来年宜稼”，并提出了农业生产丰产丰收的六环节理论，即趣时、和土、务粪泽、早锄，早获，对每一个环节都做了具体说明，即“凡耕之本，在于趣时(及时耕作)、和土(改良和利用地力)，务粪泽(施肥、灌溉)，早锄(及时除草)、早获(及时收获)”[4]。在东汉时期，人们对农业气象灾害也产了新的认识，如王充认为“寒温天地节气，非人所为”，并认为旱涝是自然之气。由此可知，我国在秦汉时期就已掌握了比较丰富的农耕气象技术，因时耕作、因土耕作、精耕细作的农业技术要领，一直为后世所遵循。当时，人们已经能根据天气或物候变化来预测未来收成，如《师旷占》说“五木者五谷之先，欲知五谷，但视五木。择其木盛者来年多种之，万不失一”等等。

从三国到元代，中国南方农业逐步得到发展，人们对农时节令的认识不断深化，南北朝时期北魏贾思勰的《齐民要术》是这一时期最有影响的农书，也是现今完整保存下来最早的农书，全书共10卷92篇，11万字，成书于北魏末年(约公元533—544年)，书中明确提出了充分利用气象条件是农业根本大事的观点。《齐民要术》在农业气象学方面的成就，概括起来有以几点：(1)对天时、地利有比较深刻的认识，如在《齐民要术·种谷》篇中指出“顺天时，量地利，则用力少而成功多。任情返道，劳而无获”，继续传播了汉代重农时的思想，这些重要论述比较深刻地阐明了因天时制宜、因地制宜的先进农业生产思想。根据这一思想，贾思勰把农作时间按照不同作物分为上时、中时和下时，并提出了同一作物因地方不同和时间不同，播种也应该随着变化的观点，这些都比较符合农业科学实际。(2)提出了符合我国北方地区气候特点的耕作技术方法，如在《齐民要术·耕田》中指出：“初耕欲深，转地欲浅”，“秋耕欲深，春夏欲浅”，“不问春秋，必须燥湿得所为佳，若水旱不调，宁燥不湿”[4]85。对于谷子春播为什么要深和播后要镇压，书中有精要的注解，曰："春，气冷，生迟，不曳挞，则根虚，虽生辄死。"把播种前后的气温高低、种子萌发、作物幼苗生长情况都做了周密考虑。夏播要浅，像撒在地皮上那样就可以，是因为"夏，气热而生速"。(3)为充分利用气候资源和耕地面积，《齐民要术》对套作技术进行了总结，为提高单位面积产量找出了一个新方向。

至宋代，"农事必知天地时宜"思想得到进一步强化，在这一时期重要农业气象成就有，《陈敷农书》，成书于 1149 年，作者非常强调"农事必知天地时宜"，一年四季农事活动应根据天象、物候和气象来安排。这一时期还有南宋吕祖谦，他于 1180～1181 年进行的物候观测记载，是迄今发现最早的实测物候记录。元代《王祯农书》，该书 3 编 22 卷，其中《农桑通诀》有 6 卷，《谷谱》4 卷，《农器图谱》12 卷，书中设计按二十四节气、七十二候逐一编排农事活动，构成全年农事历，当时认为节令农事年复一年的循环有其客观规律，"先时而种，则失之太早而不生，后时而艺，则失之太晚而不成"；还指出，南北气候的不同，农时节令不能千篇一律，要因地而异。这说明当时对农时节令的认识已经比较成熟。《王祯农书》把星辰、季节、物候、农业生产程序融为一体，绘于一小图之中，读来明确，使用方便，非常实用。

明清时期 从明初到清末，传统农业气象科学技术进一步发展。有关研究探讨已不仅着眼于当地的适宜农时，而且开始注意到地区间农时和农业气候的差异。这一时期有关农业气象预报、占验的著作和民间谚语大量出现，在《农政全书》中收录甚广，全书共 60 卷，70 多万字，全书分农本、田制、农事、水利、农器、树艺、乔桑、乔桑广类、种植、牧养、制造、荒政等 12 个门类，其中荒政部分讲的气象灾害应对的问题，而且篇幅很大。在《农政全书·农事·授时》均包含有丰富实用的农业气象学内容，篇中大量介绍了《农书》、《月令》和《齐民要术》关于授时的主要内容，特别强调授民时而节农事，即要求农家掌握寒暖，顺天时从事农业生产。关于涉及农业气候天气预报的专著有《田家五行》、《农候杂占》等，这些内容在第二章已经作了介绍，这里不再赘述。明成祖曾命各地报告每年雨情以估量农业生产。清代《授时通考》，是以传统形式出现的一部综合性大型农书，其书由乾隆皇帝倡议，数十位学者，历时五年才编著完成。该书在序中就提出了“盖民之大事在农，农之所重惟时”，“敬授人时农之本”。由此可见清对农事农时之重视。

二、农业气象应用技术

农业生产与气象条件密切相关，而气象条件作为农业生态环境因素，覆盖了农业的各个生产领域，渗透到农业生产的各个环节，影响着农业生物的生长、发育、产量和品质的形成。我国古代农业非常重视气象应用技术的总结与推广。

1. 对农事气候的认识。中国是一个农业文明古国，古代农业问题就是中国古代最大的政治，恩格斯说“农业是整个古代世界的决定性的生产部门”[5]，而农业又受制于气象变化，因此气象一直受到古代政治的重视。《管子·五辅》说：“天时不祥，则有旱灾；地适不宜，则有饥馑；人适不顺，则有祸乱。”[6]可见当时的政治家把农事直接与国家的政治稳定和人民的祸福相联系。战国时期孟子从政治的高度提出了不违背气象规律，国计民生就有可靠保证，如《孟子·梁惠王章句上》中提出“不违农时，谷不可胜食也。斧斤以时入林，林木不可胜用也。”[7]荀子是中国古代一位杰出的思想家，他非常明确地提出了国家政治要高度认识气象季节和气象灾害问题，在《荀子·王制》篇中提出了“春耕、夏耘、秋收、冬藏，四者不失时，故五谷不绝，而百姓有余食也”，“圣王之用也，上察于天，下错于地，塞备天地之间，加施万物之上”，讲的就是圣人的功用是上察天时气象，下要安置地上万物。在《荀子·富国》篇中向统治者提出了“罕兴民力，无夺农时，如是则国富矣”，“岁虽凶败水旱，使百姓无冻饿之患，则是圣君贤相之事也”。[8]早在东周时期形成的《月令》中，就提出了按季节施行政令的办法，把不违农时当作一件大事，如“孟春之月，天气下降，地气上腾，天地和同，草木萌动，王命布农事”，这里把农业生产的一年之计在于春描述得非常生动[1]94，布农事也是朝廷之大政。先秦时期的这种从政治上重视农业的思想一直影响到中国整个封建社会，延绵2000多年。

战国末年形成的《吕氏春秋》中，就有关于农业气象知识的著述，如《辨土》篇中关于气象与农事活动的关系研究，《审时》篇中“凡农之道，候之为宝。种禾不时，必折穗”[9]的具体论述等。汉代编著的《淮南子》，在《天文训》篇中就规范了与现代名称相同的二十四节气的划分，对指导农业生产发挥了重要作用，使古代“不违农时”之政命更具操作性。南北朝时期北魏贾思勰的《齐民要术》一书，其中农业气象学的内容也比较丰富。书中提出了掌握好气象条件是农业的根本大事的观点，还提出了熏烟防霜及积雪杀虫保墒的办法，介绍了蚕室小气候。元代和明代都十分重视农业，元朝王帧的《农书》、明代徐光启的《农政全书·农事·授时》均包含有丰富实用的农业气象学内容，他特别强调授民时而节农事，即要求农家掌握寒暖，顺天时从事农业生产。

2. 适时播种技术。不违农时，既是古代国家之大事，又是农家之大事，国家以月令和政令的形式形成了指导农业生产季节，如《吕氏春秋·孟夏纪》记载，孟夏“是月也，天子始絺。命野虞，出行田原，劳农劝民，无或失时。命司徒，循行县鄙。命农勉作，无伏于都”[3]21。《吕氏春秋·审时》篇强调：“凡农之道，候之为宝。种禾不时，必折穗。稼就而不获，必遇天灾”[3]205；《吕氏春秋·任地》篇曰：“冬至后五旬七日，菖始生，菖者百草之先生者也，于是始耕。孟夏之昔，杀三叶而大麦”[3]204。汉代《氾胜之书》和《四民月令》等书的记载，反映出汉代人们对播种工作很重视，并总结出了不少可贵的经验。强调适时播种，“种麦得时，无不善”，否则“早种则虫而有节，晚种则穗小而少”。为了适时播种，准确掌握播种期，当时普遍利用物候确定播种期。

《氾胜之书》提出“凡耕之本，在于趣时，和土，务粪、泽，早锄，早获。”“趣时”就是及时，不违农时。如《氾胜之书》明确记述：“冬至后一百一十日，可种稻”；“三月榆荚时，有雨，高田可种大豆”；麦“夏至后七十日，可种宿麦。早种，则虫而有节；晚种，则穗小而少实”；种瓜“常以冬至后九十日、百日种之”；“种麻，预调和田，二月下旬、三月上旬傍雨种之”[4]386，又如《齐民要术》说，三月上旬播种的为上等农时，四月上旬为中等农时，五月上旬为下等农时。夏播的黍穄，与早谷同时播种。不是夏季播种的，大都以桑椹变红作为播种的时令，等等。这些适时播种的技术经验总结，为指导农民掌握不同品种的播种生产季节提供了帮助。在以后的《齐民要术》、《农书》、《农政全书》等文献中对不同季节和月份的农事播种和栽种涉及的品种更多，特别是《农政全书》分为谷部（上、下）、瓜部、蔬部、果部（上、下）几乎对当时大部分农业品种的种熟季节时间进行了具体描述。

3. 营治气象技术。《农政全书》把对土地的精耕细作和经营管理称为营治，对《吕氏春秋》、《氾胜之书》、《淮南子》、《四民月令》、《齐民要术》、《农桑辑要》等古代农书涉及耕耘的营治气象技术进行集中整理，许多营治气象技术具有很强的操作性，如治秧田的气象技术，《农政全书》引《农桑辑要》曰：“治秧田，须残年开垦，待冰冻过，则土酥，来春易平，且不生草。平后必晒干，入水澄清，方可播种，则种不陷土中，易出”[4]91。重视推广沟洫技术，涝则排泄，旱则灌溉，非常强调“沟洫之于田野，可决而决，则无水溢之害；可塞而塞，则无旱干之患”[4]101。仅从《农政全书—农占营治（上、下）》篇看，凡涉及农业生产中耕、种、栽、犁、耙、抄、锄、管等气象技术问题都有论述。除此之外，古代农业气象技术在区田、防旱、防涝、防霜等方面多有论述。

4. 区田通风透光技术。这是在西汉后期发展起来的一种园田化的耕作技术方法，这种技术方法最主要特点就是有利于精耕细作，通过区田，即深挖作沟或坑把土地划分为宽幅区田或方形区田，采取分行列等距播种或点播，使农作物在农田中呈整齐的分布，既有合理的群体密度，又有个体的适当空间，这种技术现在所称的合理密植，有利于田间作物通风、透光、透气，也有利于涝时排渍、旱时灌溉，是非常适用的农业气象实用技术。《氾胜之书》说：“区田以粪气为美，非必须良田也。诸山陵近邑高危倾阪及丘城上，皆可为区田。”这样也大大增加可以耕种的土地。这种农业适用技术一直保持到现在都在使用。

5. 防旱保墒技术。气候干旱是农业面临的最大自然灾害之一，氾胜总结了一些保墒防旱的耕作经验，提出坚硬强地黑垆土耕后必须及时“平摩其块”，“勿令有块”；土性松散的土壤耕后必须“蔺(镇压)之”、“重蔺之”。《氾胜之书》还记载：“冬雨雪止，辄以[物]蔺之。掩地雪，勿使从风飞去。后雪复蔺之，则立春保泽，辄以虫冻死，来年宜稼。”这些可以说明在秦汉时期，我国北方已经掌握了一些旱地保墒防旱耕作技术。

6. 其他农业气象适应技术。古代农业气象适用技术涉及的内容十分丰富。如古代在种子贮藏和药物防虫方面，也积累了相当丰富的经验。《氾胜之书》说：“种伤湿郁热则生虫也，” 即认为种子生虫是由于“伤湿”，“郁热”和“温湿”，贮藏种子必须通风干燥，“曝使极燥”和“悬高燥处”就可以避免生虫。又如人工加温养蚕技术，如仲长统《昌言》中说蚕“寒而饿之，则引日多(拖延老熟时日)；温而饱之，则引日少”。为了给蚕儿创造温饱的条件，在汉代就开始采用人工加温法，“凡养蚕者，欲其温而早成，故为密室，蓄火以置之”。《 农桑辑要》引《韩氏直说》养蚕气象条件“八宜“，即蚕正眠时，光线宜暗；眠过的起蚕，光线宜明；蚕尚小并且快要眠时，宜暖，宜暗；蚕已大并且在眠起后，宜明，宜凉；已经开始饲叶时，宜有风，不要开迎风窗，要开背风窗，宜加大投桑量抓紧喂饲；新眠起的蚕怕风，宜薄撒叶缓慢喂饲。蚕适宜什么，不可不知道，违反蚕性行事，为其大逆，一定不会把蚕养成功。

三、农事节气认识与应用

中国古代对农事节气的认识经历了相当长的时间，从原始社会末期的原始农业时代开始探索，直到汉代二十四节气完全定型，至少经历了三千多年。

人们最早认识到物候并应用于指导农时。早在旧石器时代，人们在采集野生植物果实、种子和狩猎过程中，就可能注意到各种植物、生物活动随季节变化而变化的现象，诸如草木青了、燕子来了、桃花开了、蛇出洞了等象征气温升高、春天来了的物候现象，也注意到。而开始草木黄了、雁南飞了、果子熟了等象征气温降低、秋季到了季节，周而复始的这种季节变化，古代先民首先逐步形成了物候农时的概念。

物候节气起源很早，从现在可以见到历史文献看，物候与年季时间相应最早的记载有《尚书》、《夏小正》、《诗经》等文献，这些记载内容应西周以前，至少不会晚于西周。

最早物候农时记载可见于《尚书》。《尚书》相传为孔子编定，孔子晚年集中精力整理古代典籍，将上古时期的尧舜一直到春秋时期的秦穆公时期的各种重要文献资料汇集在一起，经过认真编选。其中《尚书·虞书·尧典》就有物候节气的记载：仲春时节，鸟兽开始生育繁殖；仲夏时节，鸟兽的羽毛稀疏；仲秋时节，鸟兽换生新毛；仲冬时节，鸟兽长出了柔软的细毛。这个记载如果是帝尧时期的事，那应是最早的物候节气记载。

物候农时记载增多可见于《夏小正》，《夏小正》集物候、观象、授时法和初始历法于一体，它将1年分为12个月，并载有一年中各月份的物候、天象、气象和农事等内容，如有“正月：启蛰，雁北乡，鱼陟负冰；二月：初俊羔助厥母粥（即言大羔能食草木，而不食其母乳），来降燕；三月：采识（识，草也），始蚕，祈麦实。”等

物候农时较系统的记载最早应见于《诗经·豳风 七月》，如“正月纳于凌阴，二月有鸣仓庚，三月举趾条桑，四月莠葽，五月鸣蜩，六月莎鸡振羽，七月食瓜 ，八月剥枣 ，九月肃霜 ，十月获稻，十一月于貉，十二月凿冰冲冲”。至战国时，物候农时形成了更为系统性的完整记载，可见于《吕氏春秋·十二纪》。

先民在观察物候的同时，也逐步注意到一年中出现中午太阳

最高,日影最短时,白昼最长,气候炎热,植物繁茂;中午太阳最低,日影最长时,白昼最短,气候寒冷,植物落叶,动物蛰伏,于是产生了季节和节气的概念。早在周代就有测日影定节气的记载,最早可能只有夏至、冬至,但《尚书》中称为日中(春分)、日永(夏至)、宵中(秋分)、日短(冬至),记载了有四个节气。古代比较准确测定冬至、夏至具体年代还有待考证。但现在保留下来的我国最早的冬至时刻的观测记录是在春秋时期的鲁僖公五年(公元前655年),据《左传—僖公五年》记载:“五年,春,王正月,辛亥,朔,日至南(冬至)”,春秋时代《左传》中还有分、至、启、闭的记载,即分指春分、秋分,至指夏至、冬至,启指立春、立夏,闭指立秋、立冬,就节气增加到了八个。在春秋时期末年(公元前五世纪),我国开始使用“古四分历”,规定一年有365天另6小时,这是当时世界上所使用的时间最精密的历法。显然,先民对四季节和八节气的认识可能远早于春秋,根据考古学和古文献资料确切可知,新石器时代中期,先民就已开始观测天象,并用以定方位、定时间、定季节,但早期的历法现在只留下片言支语的传说,难以深入考究。

春秋时期《管子》中出现物候、气候、节气与人事相结合的安排,但节气的安排为十二天一节气,有清明、大暑、白露、大寒四个节气名与汉代二十四节气名完全一致。战国末期编制的《吕氏春秋》出现星象、气候、物候、人事和政事相结合的安排,反映天地人合一的思想观念,其中“四立”节气名与汉代二十四节气名完全一致,“二分二至”的节气划分时间也基本相同。至汉在《逸周书·时训解》中开始按五日一候,每个节气三候,全年七十二候,成为完整、系统、规格化的物候历。在《淮南子·天文训》则每个节气十五天,正式形成了至今还在沿用二十四节气名,但从表述的内容分析,这里节气与农事没有结合起来,而表述节气、天气、物候和农事内容反映在《时则训》中。但真正把二十四节气与农事结合起来,应归功于公元前104年《太初历》颁行,太初历是我国第一部有完整文字记载的历法,它以正月为岁首,使月份与季节配合得更合理，太初历第一次把二十四节气收入历法，这对于农业生产起了重要的指导作用。

因此，可以认定，完整的二十四节气形成于秦、汉之际。与《淮南子》成书年代相近的《周髀算经》中对二十四节气的解释认为："二至者寒暑之极，二分者阴阳之和，四立者生长收藏之始，是为八节，节三气，三而八之故二十四。"从中揭示了二十四节气的形成演化过程。二十四节气客观地揭示了日地关系，抓住了季节、气候变化的根本特征，因而能准确把握农时，对指导自然农业生产具有极高的科学价值。

二十四节气不仅以它的科学性、实用性载入我国农业科技文化史册，而且对二十四节气的文化传播更应值得总结和肯定，可以说至今为止仍然是在广大农村流传最广泛、影响最深远的科技文化，其文化现象的传播特点可归纳为以下诸方面。

(1)国家主导统一全国历法，为二十四节气文化传播提供了政治基础。古代把推算年、月、日的长度和它们之间的关系，制订时间顺序的法则叫"历法"；把按排列年、月、节气等供人们查考的工具书称为"历书"，历书由皇帝颁发，所以又称"皇历"。在中国古代，一直把历法当成国家的根本大事，到秦汉时期又有了新的发展，基本形成了我国传统天文学体系，其中最为突出的是历法体系的形成。秦统一中国，推行"车同轨，书同文字"，并在全国统一施行颛顼历(一回归年为365又1/4日，一朔望月29又499/940日，闰月放在九月之后)。汉承秦制，仍用颛顼历，但到汉武帝时，颛顼历渐与实际天象不符，闰月安排不能适应农业生产需要，因此司马迁等人提议改历，武帝于太初元年(公元前104年)下令从"议造汉历"，最后确定实行太初历(公元前104年)，它不仅包括根据日月运动推算朔望、二十四节气，安排历日的方法，还有推算日月食，预告行星位置等内容。中国古历采用阴阳合历，即以太阳的运动周期作为年，以月亮圆缺周期作为月，以闰月来协调年和月的关系。它合理地调整了年和月的关系，使季节与月份大体稳定，从太初历开始一直得到沿用。由于历代历书一直为国家所颁行，从而为二十四节气文化传播提供了政治基础。

（2）把节气与农事农候知识通俗化，为其广泛传播传授提供了有效形式。中国农村分布十分广泛，古代农民多为文盲，现代农村农民文化程度仍然较低，为了把二十四节气这样一个涉及天文、地理、气象和农事的综合知识体系在农民中间传播和传授，劳动人民在实践中创造了非常合适的大众文化传播形式，如歌诀、诗歌、谚语和启蒙读物，非常适合口头传播传授。

农用气象通俗歌诀。歌诀是大众文化传播有效形式之一，关于传播二十四节气的歌诀比较多，如“春雨惊春清谷天，夏满芒夏暑相连；秋处露秋寒霜降，冬雪雪冬小大寒。上半年六廿一，下半年八廿三；每月两节日期定，至多不差一两天。”这一歌诀流传甚广，在农村基本上为妇孺皆知。与传播二十四节相关歌诀还有很多，如“冬九九”歌诀，流传较广，它以冬至日为起点，每九天为一个九，每年九个九共八十一天，其中经历有冬至、小寒、大寒、立春、雨水、惊蛰、春分等7个节气。在全国各地都流传有“九九”歌，它反映了天时、气候与物候的关系，如流传在黄河中下游地区的“九九歌”：“一九二九不出手，三九四九冰上走，五九六九沿河望柳，七九开河，八九雁来，九九加一九，耕牛遍地走。”这首“九九歌”比较生动地反映了“各九”的气温特征，它巧妙地利用自然界的物候现象和人体感受，生动地反映了“九九”气候变化大的基本特征，由于各地地理气候有一定差别，“九九歌”也有一些差别。

农用节气谚语。谚语是我国古代劳动人民喜闻乐见的文化传播形式之一，因此在实践中人们把二十四节气与农业生产的关系编成了大量的节气谚语，如“春打六九头”（立春的时间）、“立春晴，雨水匀”、“雷打立春节，惊蛰雨不歇”、“雨打雨水节，二月落不歇”等等，每个节气都有相应的谚语，内容非常丰富。比较完整的节气谚语有，如“种田无定例，全靠看节气。立春阳气转，雨水沿河边。惊蛰乌鸦叫，春分滴水干。清明忙种粟，谷雨种大田。立夏鹅毛住,小满雀来全。芒种大家乐,夏至不着棉。小暑不算热,大暑在伏天。立秋忙打垫,处暑动刀镰。白露快割地,秋分无生田。寒露不算冷,霜降变了天。立冬先封地,小雪河封严。大雪交冬月,冬至数九天。小寒忙买办,大寒要过年”。

农用节气诗文。诗歌也是人民喜闻乐见的表现形式,而且在古代具有良好诗文传统,用通俗诗文普及节气知识,在广大农村比较普遍,如诗“一月小寒接大寒,二月立春雨水连;惊蛰春分在三月,清明谷雨四月天;五月立夏和小满,六月芒种夏至连;七月大暑和小暑,立秋处暑八月间;九月白露接秋分,寒露霜降十月全;立冬小雪十一月,大雪冬至迎新年。抓紧季节忙生产,种收及时保丰年”。这种诗文朗朗上口,在人民群众中比较容易传播,由于地域不同各地传播的二十四节气诗文也不尽相同。

第二节 古代医疗气象应用

中医学从一定意义上讲,是研究人体和精神与外界自然、社会环境统一性的知识体系,中医学十分强调一年四季、一日四时气候变化和风、热、火、湿、燥、寒不同气象要素、不同气候季节和气象环境对人体的健康影响,并经历了一个漫长的发展过程,逐步形成了完整的理论体系。

一、古代医疗气象应用概述

在气象与医学方面,秦国人医和已将六种天气(阴、阳、风、雨、晦、明)的反常作为病的外部原因看待,堪称医疗气象学的先驱。战国时期形成的医书《黄帝内经》,其中有大量篇幅研究了气象与人体疾病的关系,形成了比较完整的医疗气象理论体系,系统地讲述了许多以气候条件为依据的诊断、治病、养生、防病原则以及疾病形成的气象原因,其中涉及一些气象病因的人体病理学问题[1]105。东汉时期张仲景所著的《伤寒杂病论》通篇建立在“气”理的基本上，使中国气象与医疗的理论体系日益完善[1]169。明代李时珍所著《本草纲目》，其中对中草药采集、炮制与气象条件的关系，研究非常深刻，基本形成了草本气象理论体系[1]276，等等。医疗气象与人们的社会生活具有深刻联系，在中国古代人们通过中医学的传播，掌握了大量的医疗气象知识和医疗气象保健知识，这些知识在民间仍在发挥应有的作用。

中医学重要文献《黄帝内经》，包括《内经素问》和《灵枢经》两部分，成书一种说法是不早于西周，不晚于战国，一种说法是战国至秦汉之际，是先后经过许多医学家收集和整理的一部医学经典。该书以阴阳哲学思想为指导，以“五运（木、火、土、金、水等五行之气的运行）”为“地气”，以“六气”（风、热、火、湿、燥、寒）为“天气”，系统阐述了“五运六气”对人体疾病的关系及其影响，形成了包括生理病理、预防诊断、临床治疗有机结合的系统的古代气象医学医疗理论。

《难经》，一般认为成书大约在西汉时期，其托名秦越人（扁鹊），因此该书也称《扁鹊难经》。《难经》对一年四季之脉象和一日四时之脉象变化的正常与否研究得非常细微，它与《黄帝内经》同为后代具有重要影响的医学理论指导典籍。

《伤寒杂病论》，由汉代张仲景著，经宋代整理后则分为《伤寒论》和《金匮要略》两书，《伤寒论》同样十分重视气候变化与人体疾病的关系，如在篇中阴阳大论云：“春气温和，夏气暑热，秋气清凉，冬气冷冽。此则四时正气之序也”。如果气候出现异常人体就会发生疾病，书中对各种气候原因引起的病理和症状进行了深入分析。它同《黄帝内经》和《难经》一并奠定了中医学的理论基础和体系。

在汉代以后，晋代王叔和的《脉经》、隋代巢元方主编的《诸病源候论》、唐代孙思邈的《千金翼方》、明代吴有性的《温疫论》、清代叶桂的《温热论》等重要医学文献既保持了前人医学研究成果精华，也有新的发展，但涉及气候变化与人体健康关系的理论思想一直得到保持和发展。

“气”在中医学中也是一个内涵与外延比较难以确定的概念，

但作为致病的外部原因，外“气”主要是指气象，包括有天气、气候、节令、时令、大气物理属性、气象变量与矢量等。天地合气而万物，是中医学的重要思想，如《黄帝内经·四气调神大论》说：“夫四时阴阳者，万物之根本也。”《黄帝内经·生气通天论篇》说：“夫自古通天者生之本，本于阴阳。天地之间，六合之内，其气九州、九窍、五藏、十二节，皆通乎天气”[10]。

秦国人医和已将“阴、阳、风、雨、晦、明”六种天气的反常作为起病的重要外部原因，并以此对病人进行诊断和治疗。《左传·昭公元年(公元前 541)》记载：“六气”曰：“阴、阳、风、雨、晦、明也，分为四时，序为五节，过则为甾”[11]，阴过则生寒病，阳过则生热病，风堵塞度则生麻痹症，雨过则肠胃病，晦过则生心乱病，明过则疲病[11]602。

《黄帝内经·阴阳应象大论篇》对“六气”之病具体描述为：“风胜则动，热胜则肿，燥胜则干，寒胜则浮，湿胜则濡泻”[10]24，即有“风邪太盛，形体会出现震颤拘挛；热邪太盛，肌肉会发生红肿；燥邪太盛，津液就会干枯；寒邪太盛，肌肤会出现浮肿；湿邪太盛，就会出现大便濡泻”，加上“火邪”也称为“六邪”，即风邪、寒邪、热邪、湿邪、燥邪、火邪。中国古代医学以“六气”、“五行”与“阴阳”之气、天地之气、内外之气相互结合，形成了庞大的古代医理体系。

中医认为，一年四季，人体为适应春温、夏热、秋凉、冬寒的气候变化规律，其生理功能也会随之进行调整，并表现出一定节律。因此，四季、四时和二十四节气、七十二候在我国医学中成为生理病理研究的时辨依据。《黄帝内经·四时刺逆从论篇》说：“春气在经脉，夏气在孙络，长夏气在肌肉，秋气在皮肤，冬气在骨髓中”，“春者，天气始开，地气始泄，冻解冰释，水行经通，故人气在脉。夏者，经满气溢，入孙络受血，皮肤充实。长夏者，经络皆盛，内溢肌中。秋者，天气始收，腠理闭塞，皮肤引急。冬者盖藏，血气在中，内着骨髓，通于五藏”[10]329。

中医认为，根据太阳运行和气温变化规律，一天中人体阳气遵循平旦生、日中盛、日西弱的运行规律，人们应顺其规律，否则就会滋生疾病。《黄帝内经·生气通天论》说:“故阳气者,一日而主外,平旦人气生,日中而阳气隆,日西而阳气已虚,气门乃闭。是故暮而收拒,无扰筋骨,无见雾露,反此三时,形乃困薄”[10]13。

中医认为,患病者在一天中的病情和情绪也有日变化。如《黄帝内经·顺气一日分为四时》曰:“夫百病者,多以旦慧、昼安、夕加、夜甚,何也?岐伯曰:四时之气使然”。又曰:“以一日分为四时,朝则为春,日中为夏,日入为秋,夜半为冬。朝则人气始生,病气衰,故旦慧;日中人气长,长则胜邪,故安;夕则人气始衰,邪气始生,故加;夜半人气入脏,邪气独居于身,故甚也”[10]782。

二、古代对病理与气候的认识

我国传统医学通过总结自然与人体疾病发生的关系,形成了两个基本的医理思想,即“整体观念”和“辨证论治”。中医学非常重视人体自身的统一性、完整性,也非常重视人与自然(气象)的密切关系。现代研究认为,人的生理器官是一个非常复杂的庞大系统,是人类长期适应自然的产物,人的耳、鼻、肺、呼吸道、呼吸节律、皮肤毛孔等器官和组织则承担了人体内部与外部大气进行物质、能量、信息交换的功能,使人体与大气形成了紧密关系。人的生存离不开大气,大气变化也会引起人体生理和心理性调整。

中医基础理论认为,人体与自然界有着密切关系,自然界通过气象的变化无时无刻不在影响着人体,影响着人的生理和心理,并把人与自然相统一的整体观贯串于中医生理、病理、诊断、治疗、养生等各个方面。在反映人体适应气象环境方面,中医学比较突出以下特征。

第一,以气断诊,充分体现了“天人合一”的中医学理念。气是一种客观存在,在科学尚不发达的古代,人们不仅认识到它的存在,而且已经认识到它对人类生存和发展的影响,并总结出许多在今天看来依然非常了不起的气学原理。“气”学原理在古代许多学科中得到非常广泛的应用,从气学意义上理解,中医学主要是一门创造人体气学理论而又广泛应用于医疗实践的综合性学科。

“气”在中医学中也是一个内涵与外延比较难以确定的概念，但作为致病的外部原因，外“气”主要是指气象，包括有天气、气候、节令、时令、大气物理属性、气象变量与矢量等。天地合气而万物，是中医学的重要思想，如《黄帝内经·四气调神大论》说：“夫四时阴阳者，万物之根本也”。《黄帝内经·生气通天论篇》说：“夫自古通天者生之本，本于阴阳。天地之间，六合之内，其气九州、九窍、五藏、十二节，皆通乎天气”[10]12。其意为自古以来，人的生命活动就与天气息息相通，阴阳是人生命的根本，在天地之间，六合之内，地之九州、人之九窍五脏十二肢节，都与天气密切相关。

《黄帝内经》根据病理诊断需要，把对影响人体的气象，采用不同标准和从不同角度进行了分类，如以空间和时间分类有“天地合气，别为九野，分为四时，月有小大，日有短长，万物并至，不可胜量”；以大气的物理属性分类为主有风气、热气、火气、湿气、燥气、寒气；以对立统一关系分类有阴阳之气、天地之气、内外之气等。对各类气又进行种属划分，这样使得“气”贯通于天地自然，作用于人体周身。

中医学原理告诉人们，气象与人们身体健康状况有着非常密切的关系，天气冷暖、干湿之变化，人体会自然地做出适应性的反应，当气象变化超过人体自然适应性的幅度时，人们就会有意识进行调整，如加减衣物、或饮水或去湿等。当人体在自然性或有意识性调整仍然不能适应时，人体就会生病，而且在不同季节、不同气象变化下，会引发不同的疾病。

第二，以六气划分，揭示气象变化与人体健康之关系。人体的许多器官都是适应环境的产物，其中人体从不停止地与大气环境进行物质的或能量的交换，是人体维持生命的最基本的功能。古人在长期的观察实践中，总结了气象与疾病的关系。秦国人医和已将“阴、阳、风、雨、晦、明”六种天气的反常作为起病的重要外部原因，并以此对病人进行诊断和治疗。《左传·昭公元年(公元前

541)》记载:“六气”曰:“阴、阳、风、雨、晦、明也,分为四时,序为五节,过则为甾”,阴过则生寒病,阳过则生热病,风堵塞度则生麻痹症,雨过则肠胃病,晦过则生心乱病,明过则疲病[11]602。

《黄帝内经》六气“风、热、火、湿、燥、寒”,如果以热为阳、寒为阴、湿为雨、燥火为明,则与医和之六气比较相近。但两者对气象的反映有较大区别,医和“六气”描述的是大气物理现象,而内经“六气”反映的是大气物理属性。《黄帝内经·阴阳应象大论篇》对“六气”之病具体描述为:“风胜则动,热胜则肿,燥胜则干,寒胜则浮,湿胜则濡泻”[10]24,其意为“风邪太盛,形体会出现震颤拘挛;热邪太盛,肌肉会发生红肿;燥邪太盛,津液就会干枯;寒邪太盛,肌肤会出现浮肿;湿邪太盛,就会出现大便濡泻”,加上“火邪”也称为“六邪”,即风邪、寒邪、热邪、湿邪、燥邪、火邪。中国古代医学以“六气”、“五行”与“阴阳”之气、天地之气、内外之气相互结合,形成了庞大的古代医理体系。

第三,以气之变化,阐说中医诊断随变之医理。人体病理现象十分复杂,即使在医学已经高度发达的今天,仍然有许多医学难题困惑着人类。古代中医学为了从一定程度解释异病异治和同病异治之医理,非常注重“大气”与“人气”的运动变化。掌握“气”之变化在中医学中是一门最高深的医理学问和医疗经验之精华。中医学认为,影响人体健康的有气象四时之变、气象地理之变、气象昼夜之变、冷热干湿之变等等,如《黄帝内经·阴阳应象大论篇》说:“天有四时五行,以生长收藏,以生寒暑燥湿风”,“故天有精,地有形,天有八纪,地有五里,故能为万物之父母”,这些阐述的都是气象的千变万化。因此,中医在治疗方面,也特别强调因气候变化而制宜,提出临床治疗需根据季节、气候的不同选用药物,故有“用热远热、用寒远寒”之说,就是说在夏季气候炎热的时候,要慎用温热药物;冬季气候寒冷的时候,慎用寒凉药物。

第四,以四季之气、四时之气的变化,来指导具体的临床医疗。中医认为,一年四季,人体为适应春温、夏热、秋凉、冬寒的气候变化规律，其生理功能也会随之进行调整，并表现出一定节律。因此，四季、四时和二十四节气、七十二候在我国医学中成为生理病理研究的时辨依据。

《黄帝内经·四时刺逆从论篇》认为："春气在经脉，夏气在孙络，长夏气在肌肉，秋气在皮肤，冬气在骨髓中"，"春者，天气始开，地气始泄，冻解冰释，水行经通，故人气在脉。夏者，经满气溢，入孙络受血，皮肤充实。长夏者，经络皆盛，内溢肌中。秋者，天气始收，腠理闭塞，皮肤引急。冬者盖藏，血气在中，内着骨髓，通于五藏"[10]329。它揭示了人体生理适应季节变化的现象，分析了人体适应季节变化的机理，从机理上说明了春夏气温升高使气血畅通易行，秋冬天气寒冷时腠理闭塞，皮肤急缩而易使气血滞凝的原因。这种解释与现代医学也基本符合。

中医认为，根据太阳运行和气温变化规律，一天中人体阳气遵循平旦生、日中盛、日西弱的运行规律，人们应顺其规律，否则就会滋生疾病。《黄帝内经·生气通天论》说：" 故阳气者，一日而主外，平旦人气生，日中而阳气隆，日西而阳气已虚，气门乃闭。是故暮而收拒，无扰筋骨，无见雾露，反此三时，形乃困薄"[10]13。其意为人体的阳气，白天运行于体表，早晨为太阳升起，人体阳气也随之初生；中午太阳当顶，人体的阳气处于旺盛；下午太阳西沉降落，人体表的阳气就会渐渐减少，皮肤孔就会闭合起来；到了夜晚，人体阳气入内就应当休息，不要扰动筋骨，不要外出受犯雾露。如果人体违背了平旦、日中、日西这三种阳气的活动规律，就会患病。

中医认为，患病者在一天中的病情和情绪也有日变化。如《黄帝内经·顺气一日分为四时》曰："夫百病者，多以旦慧、昼安、夕加、夜甚，何也？岐伯曰：四时之气使然"。又曰："以一日分为四时，朝则为春，日中为夏，日入为秋，夜半为冬。朝则人气始生，病气衰，故旦慧；日中人气长，长则胜邪，故安；夕则人气始衰，邪气始生，故加；夜半人气入脏，邪气独居于身，故甚也"[10]728。

中医学对气象问题也有深刻认识，对此在前面章节已有介绍，有关专家对《黄帝内经》中的气象问题作过专题研究，如有1980年《江苏中医杂志》刊登有《黄帝内经气象问题初探》，1982年《内经研究论丛》刊登有《内经中若干气象学问题》等等。

三、古代对情志与气候的认识

在我国古代，有许多哲学家、思想家都从不同角度讨论过气象对人情绪影响的问题，在我国许多典籍文献中多有这方面的记载和论述。

四季之精神状态变化，中医认为，人体脉象随季节气候的变化而有相应的春弦、夏洪、秋毛（浮）、冬石（沉）的规律性变化。人们修养精神应当做到春三月“使志生”，夏三月“使志无怒”，秋三月“使志安宁”，冬三月“使志若伏若匿”。

中医认为，一日之情绪状态变化遵循旦生，午旺，晚减，夜闭四时之规律，《黄帝内经·生气通天论》指出：“故阳气者，一日而主外，平旦人气生，日中而阳气隆，日西而阳气已虚，气门乃闭（其意为人体阳气，白天布于体表，旦生，午旺，晚减，夜闭，它也反映了人的精神状况变化）”[10]13，“苍天之气，清净则志意治”（其意为天气清净，人的阳气也安静，表现为意志平和）”。

荀子在《天论》中讲述他对气象灾异的看法，使我们今天能感受到当时社会气象心理反应，如《荀子·天论》说：“星队木鸣，国人皆恐（意为星坠落，树木鸣叫，国人都感到恐惧）”，“雩而雨（意为求雨祭祀）”，“日月食而救之，天旱而雩（意为出现日食、月食击鼓营救，天旱祭祀求雨）”，这些在荀子看来都是不应当发生或没有效果的行为，但在那个时代人们对自然气象灾害和气象异常现象却十分迷信，存在全社会性的心理紧张和恐惧。

董仲舒在《春秋繁露》中，为了证明他的“天人感应”学说，其中对气象与人们心神关系进行了大篇幅的阐述。现在看来，有些论述确有牵强附会，甚至迷信，但有些论述基本反映了气候变化和人们心境变化的关系。如《春秋繁露·天辨在人》说：“春，爱志也，夏，乐志也，秋，严志也，冬，哀志也，故爱而有严，乐而有哀，四时之则也。喜怒之祸，哀乐之义，不独在人，亦在于天；而春夏之阳，秋冬之阴，不独在天，亦在于人。”这里既说明天气对人们心理情绪的影响，又说明了人们心理状况对天气感受的影响，春喜、夏乐、秋怒、冬哀尽管不能完全概括人们的四季心理变化特征，但因四季气候变化而心境有所差别则人人能有所体验。

春天，受气候回暖的影响，容易使人感到困乏。《黄帝内经·八正神明论篇》认为：“天温日明，则人血淖液（流行润滑），而卫气浮（卫气外浮于表）”，“天寒日阴，则人血凝泣（凝涩不行），而卫气沉（卫气沉伏于里）”。这里讲的是由于天温、天寒血液循环存在差别，正是这种差别对人的情绪会产生明显影响。现代有研究认为，在冬天人的机体为了保持体温，减少散热，全身皮肤自然会处于紧张收缩状态，人的血液主供内脏器官和脑部，但进入春天，气温上升，人体皮肤不再为保暖而过度收缩，这时血管呈扩张状态，皮肤血液循环加快，流向大脑的血液相对减少，到春天人的脑部供血代谢增强，大脑供血减少而需量增加，有的人精神就可能出现困乏现象，明显表现出精神不振。人们从较冷的室外环境进入较温暖的会议室，有些人很容易打盹轻睡。

夏天，受高温高湿气候的影响，容易使人情绪的急躁。《黄帝内经·生气通天论篇》说：“因于暑，汗，烦则喘喝（多汗，烦躁，喝喝有声），静则多言（心神不安，低声唠叨），体若燔炭（炽热的炭），汗出而散（暑散）”[10]12。其意为在炎热的夏天，暑热外逼，多汗，烦躁，甚至呼吸加快，喘喝有声，心神不安，低声唠叨，人体灼热如同炽炭，一旦出汗之后，暑热就会消散。这里明确地讨论了体内产热和体表散热不平衡而造成的生理心理变化，当人体产热积在体内时，人的情绪表现得急躁不安，只有出汗散热，人们的心理才会平静下来。

秋天，气温开始转凉，一些地区阴冷天气增多，容易使人产生悲感情绪。如杜甫名著“万里悲秋常作客，百年多病独登台”，就生动描述了悲秋多病之感伤。《黄帝内经·脉解篇 》：“秋气始至，微霜始下，而方杀万物，阴阳内夺，故目(目巟)(目巟)无所见也”；“所谓恐如人将捕之者，秋气万物未有毕去，阴气少，阳气入，阴阳相薄，故恐也”[10]259。大体意思为“秋气开始来到，万物开始萧杀，在人体内开始出现阴阳争夺，所以眼花缭乱看不见”；“所谓一天惊恐会有人来逮捕自己，是由于七月时，万物所含秋气还没有完全消去，但人体内阴气少，阳气又乘虚而入，阴阳二气在体内相激荡，所以会出现惊恐。”

第三节　古代建筑气象应用

建筑是人们创造的生活空间，是人类物质文化中的最重要组成部分，中国民间建筑文化多围绕居室布局、坐落、朝向、造型、设施、使用及有关信仰而表现出来。我国民间建筑有许多环节多与气象有关，特别因受季风气候影响，古代先民一直比较重视选择安全、舒适、方便、吉利的居室气候环境，从而创造了丰厚的建筑气象文化。

一、古代对居宅起源的认识

建筑文化起源，是建筑文化研究和建筑史学研究的一项重要内容，由于文化观念不同和考古甄别难度很大，一直存在多种观点，在我国自古就有建筑起源于适应气候之说。

据我国最早的文献《周易·系辞》载曰：“上古穴居而野处，后世圣人易之以宫室，上栋下宇，以待风雨”[12]。至战国《韩非子·五蠹》有曰：“上古之世，人民少而禽兽众，人民不胜禽兽虫蛇，有圣人作，构木为巢，以避群害，而民悦之，使王天下，号之曰有巢氏”。这里已经说明建筑起源，是人类为了躲避虫蛇伤害而被迫构木为巢。由于受气候影响，也有观点认为穴居、巢居为同时代，即“冬居穴，夏居巢”[13]。

在《墨子·节用》记载曰：“古者人之始生，未有宫室之时，因陵丘堀穴而处焉。圣人虑之，以为堀穴曰：‘冬可以辟风寒’，逮夏，下润湿，上熏烝，恐伤民之气，于是作为宫室而利”；宫室，“其旁可以圉(抵御)风寒;上可足以圉雪霜雨露"[14]。这里对宫室因气候潮湿而起源的原因讲得比较清楚,宫在先秦时为大型排房建筑,居者没有身份贵贱,秦以后才专指帝王居所[13]720。

《孟子·滕文公章句下》记载:由于洪水泛滥,"蛇龙居之,民无所定;下者为巢,上者为营窟"[15]。其意为大地上成为蛇龙的居处,人们无处安身,于是处于低洼地的人在树上搭巢,高处的人便打洞穴而居。由此可以推定,巢居是地势低洼,因气候多雨潮湿而多虫蛇的地区采用过的一种原始居住方式,穴居同时也出现在那个时期居在高处的居民。

南方湿热多雨的气候特点和多山密林的自然地理条件,原始的南方民族创建了"构木为巢"的居住模式。如《礼记·礼运》有载:"昔者先王未有宫室,冬则居营窟,夏则居橧巢"[16]。《太平御览·皇王部三》卷 78 引项峻《始学篇》曰:"上古皆穴处,有圣人教之巢居,号大巢氏。今南方人巢居,北方人穴处,古之遗俗也。"。可见"巢者与穴居"也非因地域而截然分开。巢居比较适应夏季和南方气候环境特点,它远离湿地,远离虫蛇野兽侵袭,有利于通风散热,而且便于就地取材就地建造。正是原始的"巢居"、"穴居"在长期的历史变迁中,随着社会和文化的发展,才逐步形成了华夏璀璨的建筑文化。

二、古代民居对气候环境选择

人类具有追求身体舒适和躲避自然危害的本能,建筑不管起源何种原因,建筑的发展与气象肯定有必然联系。因为风寒暑热和雨雪雷电会直接侵害人的躯体,人类自从利用天然洞穴到迈出人造巢穴的第一步,这个进程就永无终止,直到今天还在继续。在漫长的历史进程中,人们不仅认识到气象与居宅的关系,而且形成了相应的文化,如中国古代的宅居风水学(现代看来,迷信内容很多)等。住宅不仅是人们栖身的住所,还是人们从事各种文化活动的重要场所,人类许多文化现象在住宅上留下了深刻印记,并形成了丰富的宅居文化思想。

1. 古代对居地大气候环境的选择。人生活于天地之间,一时一刻也不能脱离周围的环境。地理气候环境在地表分布是千差万别的,它具有不平衡性。因此,客观上存在着相对较好的、适合于人们生活、给人们带来方便、幸运和相对适宜于人居的气候环境,也有相对比较恶劣,会给人们生活带来不便、有损于人们身心健康的小气候环境。先民根据经验会选择、建设、创造安全、舒适、祥和、吉利的生活环境,包括建设城镇、村落、住宅,从而不难理解,古人对居宅环境的讲究和用心。

我国地处欧亚大陆东部,太平洋西岸,纬向距离大于50纬度,最大的气候背景是季风气候,寒来暑往,四季分明。古代先民在长期观察中,看到日来月往、昼夜更替、寒暖晴雨、男女老幼等等,种种两极现象及其变化,比较自然地产生了阴与阳的思想观念。古人认为天地、日月、昼夜、晴雨、温凉、水火等都是阴阳的表现形式,并认为阴和阳是宇宙间最基本的两种力量,人类繁衍、生物生长、万物更新、各种自然气象现象等,一切生命和非生命现象都是阴阳结合的结果。所以,《周易·系辞上》有曰:"一阴一阳之谓道。继之者善也,成之者性也。"《黄帝内经·素问·阴阳应象大论》说:"阴阳者,天地之道也,万物之纲纪,变化之父母,生杀之本始,神明之府也"[10]24。阴阳思想文化反映在居宅建设中,主要是一种文化理念和指导原则,在长期实践中,古代先民提出了讲究阴阳的宅居气象思想文化,如《周易·说卦》有曰:"天地定位,山泽通气",《礼记·礼运第九》提出了"故圣人作,则必以天地为本,以阴阳为端,以四时为柄,以日星为纪,月以为量"[16]317 等气象文化思想,其主要原则反映在以下方面。

(1)避阴趋阳的思想。这是一条选择宅基的基本原则,如《道德经》有曰:"万物负阴而抱阳,冲气以为和",《宅经》曰:"凡诸阳宅,即有阳气抱阴;阴宅,即有阴气抱阳。"这里讲阳宅应避阴趋阳,并不宜完全作迷信解读。因为,我国大部分地区处在太阳北回归线以北的地区，长江流域以北地区全年出现最高气温大于33℃的月份，多数只有3个月至4个月，而有3/4至2/3的月份不会出现。人体比较适宜的气温环境为17℃至33℃。因此，选择宅基从总体上避阴趋阳比较符合人体舒适、节俭能源的要求。

(2)依山傍水的思想。这一思想原则受避阴趋阳原则的指导，要求居宅择址在山或坡(山体为东西或偏东西走向)之南或偏南方位，从我国大体山势和水势走向看，纬向山脉在冬季山南山北地面气温可能相差2～3℃。因此，依山一般背为山或为坡，依山的形势有“土包屋”或“屋包山”，前者为三面群山环绕，中有旷地，南面敞开，房屋隐建于绿林丛中；后者则成片的居宅在南坡或阳坡 ，从山脚一起到山腰，背枕山坡，拾级而上。

(3)观形察势的思想。古代选址非常讲究龙脉，据现代汉语解释，“来龙去脉”一词，原为风水迷信用语，指山势脉络的来源和去向，现指一件事情前后关系的线索。如果抛去迷信色彩，用现代汉语解读，“龙脉”实际上是指山脉或地面起伏的走势，其实与依山傍水的含义差不多，其实质还是风、温、气场的配置选择。但由于缺乏观测数据，而且适宜于人居气候环境情况比较复杂，因此具体选择居宅气候环境则应观形察势。

2. 古代对居地中小气候环境的选择。针对大气候背景，我国古代先民经过长期的实践和总结，提出了选择宅居地应当遵循的一些原则。但同在一山一水、同处一脉一地，处在不同的点位，气候差别也比较大，如处在山顶、山腰、山脚、山穴、山窝，其风、温、湿、照、压、景、静、安、便等要素确实存在比较大的差别。这些就是中小气候环境问题。过去人们主要受自然宗教思想观念影响，一方面把择基选址神秘化，以通过神秘性包装而取得知识垄断；一方面也揭示了一定的科学事实。古人选择中小气候环境作为居住地有许多讲究，这些讲究在今天看来仍具有一定的实用价值。

(1)藏风聚气的思想。在我国古代受阴阳五行的思想影响，把活人住的地方叫阳宅，把死人埋藏的地方称为阴宅。古代选择宅基非常重视气与水，如《管子·枢言》有曰："有气则生，无气则死，生者以其气"；《管子·水地》有曰："水者，地之血气，如筋脉之通流者也。故曰水具材也"[6]276。晋郭璞《葬经·杂篇》有曰："凡结穴之处，负阴抱阳，前亲后倚，此总相立穴之大情也"。因此，阳宅与气象相联系的主要文化观有"负阴抱阳"、"藏风聚气"，根据"藏风聚气"的居宅文化思想，民间住宅方位确定则需要考虑地理和气候要素。就地理气候而言，一般要求宅基背靠高地或有山丘，左右有丘环抱，门前开阔望远，而构成一个"椅子"地型，这种地型有利形成接阳采光，气候暖和，气流平缓的小气候环境。这种注重"藏风聚气"的民居建筑，直到今天在农村依然到处可见。

(2)居景相融的思想。各种建筑文化中都会反映人们对气候环境的理解，在我国古代建筑最强调建筑物与自然环境相融合协调，风物相宜。因此，《春秋繁露·天地阴阳第八十一》有曰："人之居天地之间，其犹鱼之离水一也，其无间，若气而淖于水，水之比于气也，若泥之比于水也，是天地之间，若虚而实，人常渐是澹澹之中，而以治乱之气与之流通相殽也，故人气调和，而天地之化美"。这里讲了天、地、人、气、水之间的关系，而实现居景相融则是人们的精神文化需求。

(3)气候适中的思想。适中，就是恰到好处，不偏不倚，不大不小，不高不低，尽可能优化，接近至善至美。《吕氏春秋·慎势》曰："古之王者，择天下之中而立国，择国之中而立宫，择宫之中而立庙"[7]125。因此，古代在评说穴居时曰：欲其高而不危，欲其低而不没，欲其显而不张扬暴露，欲其静而不幽囚哑噎，欲其奇而不怪，欲其巧而不劣。小气候适中的居宅文化思想早已在先秦时就已产生，如《吕氏春秋·重已》指出："室大则多阴，台高则多阳，多阴则蹶，多阳则痿，此阴阳不适之患也"[7]6。阴阳平衡就是适中，其温凉、光照、阴湿都要适中。适中原则还包括山脉、水流、朝向、建筑物大小都要与地形气候协调，使人与建筑适宜于自然，回归自然，返朴归真，天人合一。

(4)因气候制宜的思想。即根据环境的客观性，选择适宜于自然的居住生活方式。如《周易·大壮卦》曰："适形而止"。中国地域辽阔，气候差异很大，土质也不一样，建筑形式亦不同，东西南北中的民居建筑在适应当地气候方面各具特色。如在干旱少雨的黄土高原，在农村人们选择穴居式窑洞居住，窑洞位多朝南，施工简易，不占土地，节省材料，防火防寒，冬暖夏凉。在西南潮湿多雨地区，人们则选择采取栏式竹楼居住。又如针对南蛮地区，《旧唐书·南蛮传》曰："地气冬温，不识冰雪，常多雾雨，其所王居城，立木为栅"，又曰："山有毒草，及沙虱、腹蛇，人并楼居，登梯而上，号为干栏"。因气候制宜的思想体现在民居建筑用材、造型、选址、朝向和附属建筑等多个方面。

(5)环境吉利安全的思想。古代建筑文化精华应当说在于图吉利安全，而迷信糟粕也在于此。建筑功能不仅在于满足保护人们躯体之需，而且还需要满足人们讲求吉利安全的心理。无论是民居建筑，还是宫殿、寺院、宗教建筑等都包含有图吉利安全的文化思想，即使在现今任何建筑如遇风、雨、雪、雷而垮塌，人们都会认为是不吉利的事情。古代有一些经验性知识过去可能认为是迷信，但用今天的科学解读也未必全然，如武当山之巅的金顶建筑，从防雷避雷讲金顶建筑确实具有防雷避雷效果，不过当时人们只是不知其所以然而被神秘化。距今900多年的山西应县木塔和湖南岳阳慈氏塔，可以说包含世界上最早的防直击雷工程。其营造方法为在宝塔部设一铁刹接闪，再用几条铁链垂至地下乃至井中，过去认为是迷信，现在看来有一定科学性。

根据以上文化思想，古代村庄选址和民宅选址，一般来说不会选在山(坡)顶、山(坡)脊，这些地方的风速往往很大，而且会避开隘口地形。因为这种地形条件，气流向隘口集中，形成急流，流线密集，风速成倍增加，成为风口。同时，也不会选在静风或微风的山谷、坡谷深盆地、河谷低洼地，这些地形往往风速过小，易造成空气不流动而缺乏生气。除了对风的考虑外，人们还会考虑用水方便、防避水灾、村庄居宅趋阳等许多气候条件。

3. 古代对住宅微气候环境的选择。所有的大中小气候环境都要通过具体的建筑物来实现，这就是居室的微气候环境问题。居室微气候环境涉及居室的采光、通风、透气、保温、隔温、去湿、阻潮、防霉、防漏、走水等一系列具体问题，在我国古代建筑营造中普遍采取了相应措施。

(1)门的讲究与居室微气候。门不仅是居宅之通道，而且是调节居室微气候环境的重要关口和设施。大门不朝北开，是农村民居尽人皆知的风俗，至今还流传有“北风扫堂，家破人亡”之说法；前门后门不直对开，如在长江中游地区则有“直风穿堂，六畜不旺”的说法；门窗不对开，如有的地区则有“门对窗，人遭殃；窗对门，必死人”的说法。这些说法虽具有迷信色彩，但却与气候条件有关。因为风是温热传送的重要自然动力，而且不同方向的来风又有温寒、干湿之差别。因此，居室要保温而又保持透气的微气候环境，居宅开门确实需要遵循以上基本规则。我国地处北半球，面南开门，背阴向阳，光线好，暑天纳南风徐来，冬季寒风吹后墙，而后墙一般比较低矮，迎风面小。民居除正前门为正门外，有的还开有后门、侧门、旁门等，从保温角度分析门的开法也多有讲究。一般而言坐东朝西或坐西朝东的房屋，不会在北墙开侧门、开北窗，其侧门一般开在南面，以便于冬天晒太阳。坐北朝南的民居有的不开后门或者开得很小，后墙开窗很小，开侧门或东或西，但一般有围院。

(2)窗的讲究与居室微气候。采光透气是窗的重要功能，《说文》释为“窗，通孔也”。这说明古代开窗目的在于通气通光，到了冬天，北风吹寒，《诗经》则有“塞向墐户”之说，即把窗子堵塞起来，上古时窗多为“通孔”，可以开启的窗，大概在秦汉之后才出现[13]732。《论衡·别通篇第三十八》有曰：“开户内日之光，日光不能照幽，凿窗启牖，以助户明也”。用现代观点来看，日光还可以杀菌、促进人体钙质反应，有益人体健康。为了造成比较有益人体健康的微气候环境，民居开窗高度也比较讲究，多在 1.5 米至 1.8

米，即在人体躺卧下不被风直吹人体。根据保温的需要，在我国北方房屋一般比较低矮，除南向外，其他位向的窗子较少较小，到了冬天还有贴窗花窗纸防寒风的习俗。在南方的居宅窗子则开得比较多，也比较高大。

（3）建筑附设施与居室微气候。古代建筑主要依靠利用自然条件调节居室微气候环境，除门窗外，先民在长期的实践中还创造了许多附设施以调节微气候环境。古代民居建筑多有上下连屋，左右连排建筑，或在正屋连横屋之间设有天井，在冬天关闭所有门窗，但屋内通气也比较好，在夏天由于上下几幢房屋相连，进度很深，室内感觉很凉爽。还有合院、门前围院、照壁、暖阁、屏风等附设建筑都具有调节居室微气候的作用。

中国古代非常重视庭院微气候环境布局与改善，为了充分享受自然景观，在一些有条件的民居中，往往在家居后院布局有花园，人们习惯讲后花园。一些比较讲究的后花园布置有花草树木、假山流水、亭台回廊，景致宜人。因为后院一般在居地正屋北、东、西三个方位分布，后院一般靠有山或坡，庭院易于形成了春来早、秋去晚、冬来迟的微气候环境。

在我国由于南方和北方的气候、东部和西部的气候差别很大，在古代形成了十分丰富的居室微气候环境文化思想。总体而言，北方和西部注重保温、采光和避风，南方和东部比较注重居室通风、透气、防漏、防潮和走水。因此，东西部和南北方的居室结构、门窗设置、房屋高低、使用建材都有明显差别。居宅微气候环境构成还包括房前屋后的附建筑环境布局，如长江中游地区比较习惯于前场后院，前场植树纳凉，后院放些杂物，冬天则作为户外晒太阳的活动场所。一些地区形成的三合院、四合院、正横连屋天井组合、左右连排组合、上下连幢组合、围屋等民居建筑都比较充分考虑了人居微气候环境。

（4）对居宅气象保健的认识。中国特殊地理位置和气候背景，古代先民在长期的实践中总结出了许多人与自然相处的经验和教训，并逐步上升形成一些比较系统的认识，如风水学，其中虽然存在大量迷信和糟粕，但从中医视角分析，比较讲究的古代民居则包含了满足人们身心保健的气象环境需求。人类在穴居阶段，以最简单的洞穴，作为栖息繁衍住所，据考古发现洞穴多数选择在向阳或避风的场所建造。这样的地理环境，具有保温防潮的优点，是那个时期较为理想的生存环境，也是原始人类对居住气候环境的本能选择。

住宅与人们体魄健康具有非常重要的联系。古人很早就认识到风与人体健康有关系。《黄帝内经·风论篇》在论述风与人体疾病关系时，有载曰："风气藏于皮肤之间，内不得通，外不得泄；风者，善行而数变，腠理开则洒然寒，闭则热而闷，其寒也则衰食饮，其热也则消肌肉，故使人怢慄而不能食，名曰寒热"；又载风侵危害曰："中五藏六府之俞，亦为藏府之风，各入其门户所中，则为偏风。风气循风府而上，则为脑风；风入系头，则为目风，眼寒；饮酒中风，则为漏风；入房汗出中风，则为内风；新沐中风，则为首风；久风入中，则为肠风飧泄；外在腠理，则为泄风。故风者百病之长也，至其变化，乃为他病也，无常方，然致有风气也"[10]221。这里既论述了寒热风病的起因，又论述了风邪侵犯脑、头、酒后、入房、肠胃、腠理等对人肌体造成的不同危害。在内经中又把风分为"阳、阴、干、湿、热、寒、春、夏、秋、冬"等不同类别，以及不同风类对人体造成的不同影响。风对人体健康影响如此之重大，那么如何通过人居建筑来协调人与风的关系，这就成为古建筑学需要解决的问题，风水学之"风"的要义可能就这样产生了。

风是构成气候环境的重要因素，是气流流动形成的，对风的处理不当，的确会影响人体健康，传统医学非常重视风对人体危害的研究，风被列为"风、寒、暑、湿、燥、火"六淫（六气）之首，中医认为"六气"太过，不及或不应时则形成致病邪气。因此，在实际生活中，人们既需要夏天的凉风，冬天的暖风，春天的温风，秋天的清风，但又惧怕太热、太冷、太强、太直或灰尘太多的风。因此，为协调人们体感与风的关系，中国古代建筑采取了一系列的营造微气候风环境的措施，其中最重要的是选择建筑朝向，古代民居选择坐北朝南，不仅是为了采光，也是为了避开北风。南风温和，北风寒冷，古人早已认识到人体健养需要趋温避寒。除选择居宅朝向外，还包括开门、开窗、宅高、进深、墙体、横屋、连屋、天井、庭院、屋顶坡度、照壁、屏风、气孔、回廊、走廊等建筑配置，这些措施大大改善了人居微气候环境，有益于增进居住者的身心健康。

中国古代建筑文化，处在科学不发达的时代难免有许多迷信色彩，当时没有现代如此之多的测量工具，人们只能凭经验积累，凭勘查者的感受，对人居有益之处可能成倍放大，对不利影响也可能放大。但古代建筑能定性地考虑如此之多的因素，仍然值得现代建筑设计者借鉴。中国古代民居气象文化主要是适应村落气候环境选择逐步形成的，而宫殿、庙宇、塔楼等建筑对气候环境的选择则更有讲究。由此而形成的风水学，是中国一种传统的民俗文化现象，它是古代阴阳哲学理论在住宅建筑实践中的具体应用，其中包含有一些应当抛弃的迷信和糟粕，但一些考虑气候环境的经验仍值得今天借鉴。

第四节 古代军事气象应用

一、古代军事气象应用概述

古代先民在长期的军事斗争中认识了一些气象对军事活动的影响，并总结形成了用于指导战争的军事气象知识和经验，在我国许多兵书中都有专门论述天候、地理、阴阳、占卜的内容，其中包含了大量古代朴素的军事天文知识和军事气象知识。

在古代军事活动是人类活动的重要组成部分，特别是在生产力不发达、自然经济处于支配地位的奴隶社会和封建社会，“大动干戈“的军事战争更是发生频繁。在我国特别每逢社会动荡，朝代更替之际，更是硝烟四起，烽火连天，一场战争的胜负就会决定了一个民族的兴衰、一个国家的存亡。因此，我国古代军事家孙武认为："兵者，国之大事，死生之地，存亡之道。"其中自然天气、气候对战争往往也是影响战争胜重要因素，对《孙子兵法》曰："故经之以五事校之以计，而索其情：一曰道，二曰天，三曰地，四曰将，五曰法：……天者，阴阳、寒暑、时制也。……凡此五者将莫不闻，知之者胜，不知者不胜。"这里把"天时"列为决定战争胜负的"五事"之一，天时就是天气和气候问题。由此，可见古代军事对气象重要性的认识。

在古代军事活动非常重视观察气象变化，并以此对战争胜负、战和不战作出判断。如《六韬》，相传为周初太公（即吕尚、姜子牙）所著，是一部集先秦军事思想之大成的著作，《六韬》通过周文王、武王与吕望对话的形式，论述治国、治军和指导战争的理论、原则，对后代的军事思想有很大的影响，被誉为是兵家权谋类的始祖，其中就记有一些与气象有关的军事论述。其中《龙韬·兵征》说："凡攻城围邑：城之气色如死灰，城可屠；城之气出而北，城可克；城之气出而西，城必降；城之气出而南，城不可拔；城之气出而东，城不可攻；城之气出而复入，城主逃北；城之气出而覆我军上，军必病；城之气出高而无所止，用兵长久。凡攻城围邑，过旬不雷不雨，必亟去之，城必有大辅，此所以知可攻而攻，不可攻而止。"这里的"气"肯定包含有云气、云光气、云尘气、水雾气、尘光气等气象现象。

古代军事家认为，预测和掌握天文、气象和地理知识和技术，以利于指导和指挥战争是每位将帅必须具备的素质。如《孙子兵法》认为："天者，阴阳，寒暑，时制也"，"天时、地利、人和、三者不得，虽胜有殃。"诸葛亮认为，通晓天文、气象、地理是每个军事将领必须具备的知识和素质，如《将苑·第五篇将器》有曰："上晓天文，中察人事，下识地理，四海之内，视如家室，此天下之将"。

在中国战争史上，曾经记载有许多因为一方充分利用天气条件，或者因天气原因而取得战争胜利，造成另一方惨败的案例。如在公元 23 年，中国历史上著名的昆阳之战，当时 42 万王莽军逼近昆阳，昆阳城中更始军仅有八九千人。如何对付气势汹汹的强敌，更始农民军开始时意见并不统一，但由于敌方的指挥错误，更始军领袖的指挥得当，终于迎来了战争的主动。刘秀仅精选勇士三千人，出敌不意地迂回到敌军的侧后，偷偷地涉过昆水（今河南叶县辉河），向敌方指挥大本营发起极其猛烈的攻击。正当敌军溃逃的时候，忽然狂风呼啸，雷声轰鸣，天昏地暗，屋瓦震动，大雨倾盆，雨下如注，昆阳城北的滍川暴涨，敌军涉水逃跑而被淹死者以万数，水为不流[17]。在昆阳之战中，王莽军的兵力 42 万人，而更始起义军守城和外援的总兵力不过 2 万人。在兵力对比如此悬殊的情况下，起义军竟能取得全歼敌人的辉煌胜利，应当说突然奇变的气象原因扩大了更始军的战斗成果，加剧瓦解了敌军心理。

历史上著名的官渡之战，曹操就采用谋臣许攸的建议，利用十月"秋高气爽，物干风燥"的天气连夜奔袭袁绍军乌巢基地放火烧粮，终于取得战争胜利；赤壁之战中、诸葛亮"借东风"助周瑜火烧曹操水寨及岸上旱寨；夷陵之战中，陆逊利用炎热干燥的伏旱天气，火烧刘备七百里连营；即使是武将出身的关羽，也有利用 10 月份快行冷锋天气的"大霖雨、汉水溢的天时"，差兵筑坝蓄水，水淹于禁七军的精彩战例。又如唐宪宗元和十二年(817)十月初十，李愬利用风雪交加、敌军放松警戒、利于奇袭的天气，突袭蔡州直取吴元济。此时，天气条件恶劣，大风大雪天气，军被吹破，随处可见被冻死的人马。四更天，李愬的军队到达蔡州城下（今河南汝南县），城内无一人知晓，城门打开后，官兵顺利入城，吴元济被抓。李愬大胜。可见，天气对战役的影响，自古就受到重视。

在中国古代军事史上，形成了很多军事著作，其中有许多关于气象与战争的论述。在汉代以后，逐步出现一些军事气象占验专著。如隋唐之际李靖所著《李卫公兵法》中就有一卷为《云气占候篇》。唐代李荃所著《太白阴经》中就涉及有许多气象内容，其中第八卷有《杂占》一篇，包括占日、占月、占五星、占云气，等等[1]278。在宋代以后，一些军事典籍中气象内容则进一步增加，特别是气象预测经验。如《武经总要》，是北宋王朝利用国家力量来编辑的一部大型综合性兵书，也是我国第一部官修兵书，其中收录有气候占候的内容，占候篇主要包括有天占、地占、五行占、太阳占、太阴占、日辰占、云气占、气象杂占等，虽然有些可能为迷信内容，但是能够预测预报天气、气候的内容也混杂在其中，从中也可以领略到在不同天气条件下预测主方和客方的可能军事性行动，并有可能预测利用天气条件而知战争胜负。

类似典籍还有明代《武备志》，也是中国古代兵学宝库中的一部规模最大、篇幅最多、内容最全面的兵学巨著，被兵学家誉为古典兵学的百科全书，反映一些了当时人们对天文、气象的一些朴素认识。书中收集了大量的预报天气、预测气候的方法和经验。

二、古代军事名著气象论述

1. 论战争发动与气象。太公《武韬·发启》篇说："天道无殃，不可先倡；人道无灾，不可先谋。必见天殃，又见人灾，乃可以谋"[18]，其意就是指当天道还没有发生气象等自然灾害预兆时，不能首先发动战争，当人道没有出现祸乱时，也不可首先发动战争。只有既发生天灾，又出现人祸时，才可以谋划发动战争。范蠡曰："天时不作，弗为；人事不作，弗始。"天时为敌国有水旱灾害、虫蝗霜雹，荒乱之天时非孤虚向背之天时也。

《孙子兵法》是我国现存最早的兵书，是一部内容完备结构严谨的古代军事名著。全书共有十三篇，许多篇章都涉及气象知识。如《始计篇》是全书第一篇，全篇共有四部分内容；第二部分是用兵首先要考察的五个基本主客观条件，孙子把气象条件摆在第二位。他说："故经之以五事，校之以计，而索其情：一曰道、二曰天、三曰地、四曰将、五曰法。……天者，阴阳，寒暑，时制也。"天就是指用兵时所处的时节和气候，或晴雨或冷暖或春夏秋冬。

《司马法》是一部侧重于军事法规和军事典章的兵书，全书共五篇，主要论述对战争和军事行为的规范。该书在论述时，不少地方涉及气象知识。如《司马法·仁本》曰:“冬夏不兴师,所以兼爱民也。”[19]这里说的“冬夏不兴师”是因为严寒与酷暑对于人的健康不利,也就是说不利战争。又如《司马法·定爵》曰:“顺天,阜则,怿众,利地,佑兵,是谓五虑”。这里提出的“顺天”是按照具体的气象变化行事,发挥天时因素的作用,是兵家首先要考虑的。这也给兵学家提出了要研究军事气象的任务。

诸葛亮所著《将苑》,全书共一卷46章,主要论述为将之道。诸葛亮认为,通晓天文、气象、地理是每个军事将领 必须具备的知识和素质。《将苑·第五篇将器》有曰:“上晓天文,中察人事,下识地理,四海之内,视如家室,此天下之将”。其意为,军事将领必须懂得天文、气象、地理等知识和技能。诸葛亮自己对天文、气象、地理就十分精通,他在作战中非常注意选择有利的气象条件,如《将苑·第十四篇·智用》有曰:“夫为将之道,必顺天、因时、依人以立胜也。故天作时不作而人作,是谓逆时;时作天不作而人作,是谓逆天;天作时作而人不作,是谓逆人。智者不逆天,亦不逆时,亦不逆人也。”

唐代李筌所著《神机制敌太白阴经·天无阴阳篇》曰:“天圆地方,本乎阴阳。阴阳既形,逆之则败,顺之则成。盖敬授农时,非用兵也”。《百战奇略·天战》中有曰“凡兴师动众,伐罪吊民,必在天时,非孤虚向背也。”这里所指天时主要是敌方发生旱蝗冰雹,天灾人祸。

2. 论战争制胜与气象。自古以来,“上知天文,下晓地理”是领兵打仗的将帅或幕僚必备的基本素质。战场指挥者在战前必先观察风云,按天候情况决定用兵之策。《孙子兵法·计篇》认为:“天者,阴阳,寒暑,时制也”,“天时、地利、人和、三者不得,虽胜有殃。”这里所指的天时,是天气,气候以及某些天文现象的泛称。

气象条件和气象变化关系到军事政治安全。一个王朝的覆灭,一场战争的胜负虽然有其自身的内在规律,但由于气象原因则有可能使其加快或者延迟运动的过程,甚至可为转败为胜赢得时间。战争的胜负除了取决于对立双方的政治、外交、经济、军事、人心向背等诸多社会因素之外,自然环境特别是天气、气候对战争胜负的影响也极其重要。在特定条件下,气象条件甚至可能影响战争的胜负。因此,我国古代军事家非常重视研究地理气象环境对战争的战略战术之影响。

《将苑·第二十六篇兵势》有曰,“夫行兵之势有三焉:一曰天,二曰地,三曰人。天势者,日月清明,五星合度,孛慧之不殃,风气调和。地势者,城峻重崖。洪波千里,石门幽动,羊肠曲沃。人势者,主圣将贤,三军由礼,士卒用命,粮甲坚备。善将者,因天之时,就地之势,依人之利,则所向者无敌,所击者万全矣”。该篇大意为“行兵之势包括三个方面;一是天势,二是地势,三是人势。为将者如果能顺应天时、地势、人心,就能所向无敌。”

吴起所著《吴子》是一部与《孙子兵法》齐名的古代兵书,传世本全书共六篇,篇篇涉及气象知识。如《吴子·料敌》曰:“凡料敌,有不卜而与之战者八:一曰:疾风大寒,早兴寤迁,剖木济水,不惮艰难;二曰:盛夏炎热,晏兴无间,行驱饥渴,务于取远;三曰:师既淹久,粮食无有,百姓怨怒,妖祥数起,上不能止;四曰:军资既竭,薪刍既寡,天多阴雨,欲掠无所;五曰:徒众不多,水地不利,人马疾疫,四邻不至;六曰道远日暮,士众劳惧,倦而未食,解甲而息;诸如此者,击之勿疑”[20]18。料敌说明,在气象和地理条件对敌极为不利时,可以击之勿疑。

3. 论战时气象条件利用。《孙子·火攻篇》有曰:“发火有时,起火有日。时者,天之燥也;日者,月在箕、壁、翼、轸也。凡此四宿者,风起之日也”,“以时发之,火发上风,无攻下风,昼风久,夜风止。”

《吴子·论将》“居军下湿,水无所通,霖雨数至,可灌而沉。居军荒泽,草楚幽秽,风飙数至,可焚而灭”。《吴子·治兵》“将战之际,审候风所从来,风顺至乎而从之,风逆坚阵以待之。……”《吴子·应变》“凡用车者,阴湿则停,阳扫燥则起。”关于水战,在《吴子》中记载,武侯问曰:“吾与敌相遇大水之泽,倾轮没辕,水薄车骑,舟楫不设,进退不得,为之奈何?”起对曰:“此谓水战,无用车骑,且留其傍。登高四望,必得水情。知其广狭,尽其浅深,乃可为奇以胜之。敌若绝水,半渡而薄之。”关于雨战,在《吴子》中记载,武侯问曰:“天久连雨,马陷车止,四面受敌,三军惊骇,为之奈何?”起对曰:“凡用车者,阴湿则停,阳燥则起,贵高贱下,驰其强车,若进若止,必从其道。敌人若起,必逐其迹。”这说明古代战争对气象条件的利用掌握得非常具体。

《百战奇略·风战》本篇以风天作战为题,旨在阐述怎样借助风向、风力作战的问题。书中认为,在顺风天作战,就要乘着风势进攻敌人;在逆风天作战,则可乘敌麻痹松懈之隙,出其不意地袭击敌人,则无不取得战争的胜利。因此,《风战》曰:“凡与敌战,若遇风顺,致势而击之;若遇风逆,出不意而捣之,则无有不胜。法曰:‘风顺致呼而从之,风逆坚阵以待之’。”

《百战奇略·雪战》本篇以雪天作战为题,旨在阐述雪天对敌作战所应采取的战法问题。书中认为,如果天气下雪不止,可以在侦悉敌方无准备的情况下,秘密实施偷袭以打败敌人。战争的实践表明,气象条件是影响双方军事行动的重要因素。在遇风雪交加的恶劣天气中作战,既要保持警惕以不给敌方有机可乘,又应捕寻敌人可乘之隙而袭击之。因此,《雪战》曰:“凡与敌人相攻,若雨雪不止,觇敌不备,可潜兵击之,其势可破。法曰:‘攻其所不戒’。”

气象与军事的研究一直延续数千年,到明代末年因沿海有倭寇,东北战乱频繁,内地又有农民起义,故军事气象学有新的发展,特别是何良臣《阵纪》书,主张“风雨昼夜,每变皆习”,同时主张军中应配备懂气象的人才,并重视车战、海战、火战时的气象条件,还考虑在有风雨雪雾时应如何作战。明代茅元仪编纂的《武备志》(1621 年)汇集了当时尚存的许多军事气象文献及江湖上流行的气象歌诀。佚名《草庐经略》十一卷,介绍了水战、山战、火战、暑战、雨战、冰战、风战等各种气象条件下的作战[1]279。

从我国古代兵书对气象与战争关系描述,可见军事活动中必须重视气象。《汉书·艺文志》曾根据古代兵书主要内容的属性,将其分为兵权谋、兵形势、兵阴阳、兵技巧等四大类。这四类兵书中的兵阴阳就是专门论述天候、地理、阴阳、占卜的兵书，其中包含了大量古代朴素的军事天文知识和军事气象知识。

参考文献

[1] 温克刚. 中国气象史. 第 60 页、第 94 页、第 105 页、第 169 页、第 276 页、第 278 页、第 279 页. 北京:气象出版社. 2004.
[2] [战国]荀况. 荀子全译. 第 157 页. 贵阳:贵州人民出版社. 1990.
[3] [战国]吕不韦. 吕氏春秋. 第 204 页、第 206 页、第 205 页、第 21 页、第 205 页、第 204 页. 岳麓书社. 2006.
[4] [明]徐光启. 农政全书. 第 86 页、第 85 页、第 386、第 91 页、第 101 页. 长沙:岳麓书社. 2002.
[5] 恩格斯. 马克思恩格斯选集. 第 4 卷第 145 页. 北京:人民出版社. 1976.
[6] 刘柯等译注. 管子. 第 59 页、第 276 页. 哈尔滨:黑龙江人民出版社. 2003.
[7] 杨伯峻. 孟子译注. 第 5 页. 北京:中华书局. 1984.
[8] 蒋南华. 荀子全译. 第 157 页、177、183. 贵阳:贵州人民出版社. 1995.
[9] 杨坚点校. 吕氏春秋 · 淮南子. 第 205 页、第 125 页、第 6 页. 长沙:岳麓书社. 2006.
[10] 唐赤容编译. 黄帝内经. 第 12 页、第 24 页、第 329 页、第 13 页、第 782 页、第 12 页、第 24 页、第 329 页、第 13 页、第 12 页、第 259 页、第 24 页、第 221 页. 北京:中国文联出版公司. 1998.
[11] 莫涤泉. 左传文白对照. 第 591 页、第 602 页. 南宁:广西民族出版. 1996.
[12] 吴兆基编译. 周易. 第 262 页. 长春:时代文艺出版社. 2001.
[13] 唐汉. 汉字密码. 第 713 页、第 720 页、第 732 页. 上海:学林出版社. 2002.
[14] 周才珠等译注. 墨子全译. 第 200 页. 贵阳:贵州人民出版社. 1995.
[15] 杨伯峻译注. 孟子注释. 第 154 页. 北京:中华书局. 1984.
[16] 陈戍国点校. 周礼 · 仪礼 · 礼记. 第 314、第 317 页. 长沙:岳麓书社. 2006.
[17] 〔宋〕司马光. 资治通鉴. 第 346 页. 北京:台海出版社. 1997.
[18] 屠礼中译注. 六韬三略. 第 43 页. 太原:书海出版社. 2001.
[19] 吴如嵩选译. 古代兵法要籍选译. 第 37 页、第 18 页. 北京:军事科学出版社. 1985.

第六章　古代气象文化

古代气象文化是中华文化的重要组成部分，内涵十分丰富，在物质、精神、制度和行为文化领域都有反映气象文化的内容，其中与气象紧密相关的人与自然和谐的文化思想，则是中华民族文化中最重要的价值取向。

第一节　古代气象文化概述

一、古代气象文化的特征

自然气象是构成和影响人们社会生产、生活的基本环境和基本条件。人类对气象的认识无论是神话性理解，还是科学性认识，或者是为人类生存与发展服务遵循气象规律以趋利避害的行为，都应属于人类文化活动。气象环境是人类进行相关文化创造的客观条件之一，并直接启发和影响着人类进行相关文化创造和生产，人类的文化创造活动也会影响气象环境。

气象文化，是人们在思想上所形成的气象意识，在实践活动所创造的气象相关物质和人们社会生活所反映的气象相关行为，是反映、适应和利用气象在物质、精神、制度和行为领域反映的总和。中国古代气象文化，在精神文化方面，形成了与气象有关的宗教、信仰、观念、文学和艺术等文化现象；在智能文化方面，创造了古代气象科学知识、气象技术知识、气象经验知识，包括气象谚语、气象俗语和生产活动中的应用性气象知识等文化；在物质文化方面，不仅创造了许多从事气象科学与技术活动的工具，而且为适应和利用气象环境条件创造了大量的工具，包括建筑文化和服饰文化；在规范文化方面，为适应和利用气象环境形成了大量的社会习惯、习俗、制度、组织等文化。自然气象在不知不觉中影响着人们的文化创造，并具有以下特征。

第一，气象对文化影响的客观性。人类无论生活在什么空间和时间，都离不开气象环境，还属于动物阶段的人就已经形成了对气象的本能反应。根据动物生理和心理研究，动物随着环境变化和外部刺激，其生理和心理具有作出本能反应的机能。可以推测，人类处在动物阶段对气象环境就已具备本能性的反映，如躲避雷雨、避寒冷、避炎热、趋舒适气候等本能。当人类进化到文化创造阶段时，人类思维水平开始脱离动物界，早期人类对气象环境变化的本能反应有可能逐步成为经验被积累而发展为文化现象。如为了躲避风雨，传说有巢氏发明了巢居。这一传说反映了中国原始时代巢居的情况，可能是中国先民创造建筑文化的开始。气象始终是人类在进化和发展过程中的自然背景，它既为人类进化和发展提供了条件，又经常给人类生存和发展造成许多困难，并始终影响和制约着人类的文化创造，而且不以人类意志为转移。人类的社会生产力越发展，这种影响和制约的程度可能越深。

第二，气象对文化影响的地域性。气候地域是一个比较大的范围，在一定地域范围内，人们文化创造活动都可能受到相同气候背景的影响，与气象有关的文化创造也呈一定的地域性。对同一地区而言，多年气候平均状况和极端天气发生频率具有相对的稳定性，在同一气候区域生活的人们可能创造许多适应当地气候特点的文化，如为适应气温、湿度、光照、降水、强风和气候的季节变化创造出具有地域性的建筑文化、衣着文化、饮食文化、民俗文化等。这些文化创造活动开始可能是零星分散的，但时间久远以后，自然就成为地区间的文化差异。

第三，气象对文化影响的潜移性。气候的周年变化和月季变化是一种自然规律，它对人类文化创造的影响是长期的、潜移默化的。在自然条件下，人类的许多生产活动和文化创造活动都受到自然规律的支配。从宏观上讲，自然气候已经潜在地规定了人类进行自然生产的根本内容，如自然农业区和牧业区的形成，以及形成的相应文化差异，起支配作用的应当是自然气候规律。自然农业区虽然可以改变为牧区，但从经济意义考虑，在自然经济条件下，宜农地区的生产力高于牧业区。相反，受气候条件限制，自然牧区不能改为农业区。因此，农业区和牧业区就这样形成了。由于农业和牧业地区的生产活动内容不同，自然就形成了不同的文化特点，特别在农业地区，农业种植制度的形成和不同季节的生产活动习惯，大都会受到气象条件的影响，农耕文化反映气象的特征非常明显。

第四，气象对文化影响的发展性。人类是自然界发展的组成部分，自然气象环境始终伴随并影响着人类的进化和发展过程，人类始终经受着自然气象环境变化的影响，为了减少其不利影响，人类不断地创造着适应气候环境以利于自身生存的文化。从总体上讲，气候具有相对的稳定性，但人类适应气候环境的文化创造则随着人类整个文化创造能力的提高而不断发展。仅以居住适应气象环境的情况为例，人类居住最初可能主要是为了避寒避雨和夜宿安全，随着地面建筑的出现，居住房屋逐步发展为考虑通风、通气、透光、避寒、取暖、防湿、避雨、遮阳、晾晒等居住气候条件，由此形成了丰富的建筑文化，创建形成了中国古代建筑风水学。

从人体本能对气象环境的适应性来看，趋利避害，追求气候舒适是人体的本能反应。人类从能够创造文化开始，这种本能就不知不觉地转变成为人类创造舒适气候环境文化的动力，人类社会生产力越发展，其适应气候环境的文化创造就越丰富多彩。适应气候环境的文化创造永远也不会完结。随着现代科学技术的发展，除居住外，人类在其他领域利用各种气候资源的文化创造还将继续发展。

二、古代气象文化的表现

大气与人类的关系，犹如鱼与水的关系。人类社会文化对气象作出的反映，其内容非常丰富，它表现在人类生产、生活的精神文化、制度文化、物质文化和行为文化的诸多领域，而且表现形式、形态丰富多彩。

第一，反映在精神领域的气象文化。精神文化，一般是指哲学和其他具体科学、宗教、艺术、伦理道德以及价值观念等等，是人类创造活动形成的精神产品。气象在中国古代宗教、哲学、政治、科学、语言符号、艺术，甚至价值观念等精神文化领域的多个层面都有反映。在中国古代哲学中有“阴阳”二气说，在一些宗教神话中有方位崇拜，天象崇拜和气象现象崇拜等。由气象原因形成的许多精神文化现象，早已不知不觉地成为人们的内心体验，并以不同方式反映在人们的生产生活之中，人们安排农事生产、修建住宅、四季衣着选择等文化现象，都有反映适应气象环境的内容和观念。

语言和符号是人类文化的重要内容，气象现象在很早的时候就成为人类语言反映的重要内容。在文字产生以后，各种气象现象很快成为文字符号反映的重要对象。中国古代气象记录与符号源远流长，早在殷代甲骨文中就有风、云、虹、雨、雪、霜、霞、龙卷、雷暴等气象文字记载。《易经》还把天文、气象现象符号进一步抽象化，并发展用于占卜预测。随着人类文化的不断丰富和发展，反映气象的语言和符号，不断丰富和复杂。气象现象，从早期的一般语言和文字符号，逐渐发展为反映大自然的气象文学、气象科普和气象科学。

第二，反映在制度领域的气象文化。制度文化是人类文化发展到一定高度的总结和概括，是人类文明传承和发展的重要形式和载体。制度文化是社会规范体系、社会关系和社会组织构成的文化系统，各种规范是人们的行为准则，包括风俗习惯。社会关系是各种社会文化要素产生的基础，社会组织则是实现社会关系的实体。气象是人类生产生活最密切的自然环境,在人类制度文化中有比较充分的反映。

从经济生产制度看,中国是农耕文明历史悠久的国家,在古代生产文化制度中反映气象的文化内容极为丰富,如二十四节气的划分,在春秋战国就已经出现,到汉代比较完善,它集天文、气候和物候表征于一体,是指导古代从事经济生产活动的重要节令制度。从国家行政制度看,中国在各个朝代都建立了关于防御气象灾害的一系列管理制度,这些制度包括河渠整修、气象灾害救助、不违农时按生产节令施布政令、在古代由国家举行的天地祭祀活动等。中国历代都设有专门的机构观测天文和气象,从西周到明清,大多设有天象、气象管理机构和专职组织,管理组织一般称为太史局或太史监、司天监、钦天监等,专职组织一般称为台,如称灵台、司天台、观象台等。

第三,反映在物质领域的气象文化。各种器物的发明与创造,是人类文化的有形表现形式,是反映和检验人类文化发展程度的实物性证据。人类既是自然的一部分,又为适应自然创造了丰富多彩的器物文化,其中反映中国古代适应气象自然环境的器物文化历史十分悠久,内容非常丰富。如《周易·系辞下》曰:“上古穴居而野处,后世圣人易之以宫室,上栋下宇,以待风雨”[1]。这说明,古人为躲避风雨而创造了建筑文化。在器物文化中反映气象的内容有住宅、衣着、遮阳挡雨用具、御寒与取暖器具、去热与降温器具,以及各种用于气象趋利避害的工具及其器物等等,包括直接和间接用于气象现象观测和测量的器物,如中国古代候风仪、相风乌、量雨器、日晷、漏刻等;

第四,反映在行为领域的气象文化。人类的社会行为是受人类意识所支配的现象,它的一部分可以转变为或精神的、或物质的、或制度的文化现象;另一部分则只能表现为以人的行为方式存在,并通过行为传教而得到传承,这种存在也是一种文化现象,如人们具有社会意义的表情、动作、肢体语言等等。在人们日常行为活动中就存在许多表达和反映气象的行为方式,如人们用行为来表现寒冷、炎热、大风、雷鸣等肢体动作。

从人们对气象现象表述的文化属性分析，各种气象现象一旦进入社会人的大脑，就可能不是单纯的自然气象概念，它就已经赋予了文化的内涵，如关于与风联系的文化，就有悲风、和风、暖风、凉风、寒风、春风、秋风、清风、恶风、狂风等，其中包含有人们体感和心感的文化意境，给自然之风赋予了社会意义。对其他气象现象人们皆有相似的情感，特别是一些进入文学、进入社会文化生活的气象现象更为突出。

第二节　气象与中国古代哲学

气象学家张家诚认为："哲学与气象学间有不可分割的联系"，"多变的大气现象发人深思，引发哲学概念的产生，而复杂大气现象的解释更需要哲学思想的指导"[2]。

一、气象与古代哲学本原

哲学是对自然知识和社会知识的概括和总结，是关于世界观的理论体系，是人们对整个世界（自然界、人类社会和思维）的总的看法和根本观点。自然（包括气象）和社会之客观是人脑进行哲学思维的材料，人类的思维逻辑起点，正是从眼前的一种现象或多现象出发，经观察、分析、综合、比较而抽象出事物之共性，并反作用于实践，经过如此反复，人类思维的内容和形式便不断丰富和发展。

哲学中的本原，是指一切事物的最初根源或构成世界的最根本实体。在古代哲学中，气象与哲学本原有着非常自然的联系，其中与气象有关的古代朴素唯物主义，认识世界本原主要有以下观点。

一元素论，即一"气"论。在甲骨文中的"气"字，其形如"三"字，这里上、下两长横表示天和地，中间的一短划则是气或空气，可见三千多年前的商代先民已经对"气"有了认识，由于气看不见，摸不着，于是在两长横中间划一短横，表示烈日照地，气流上升。气的本义为空气和气流，如《列子·天瑞》曰："云雾也，风雨也，四时也，此积气之成乎天者"[3]。

"气"从自然大气本义发展成为中国古代哲学之概念，由于没有相对确定的逻辑内涵与外延，所以很难发现古代哲学对"气"下一个准确的定义。"气"范畴的这种逻辑特性，早在先秦的气论中就已萌芽，如《黄帝内经》、《左传》、《国语》中，"气"范畴之义项就非常庞杂，气有阳气、阴气、风气、雨气、晦气、明气之分。在汉代气论中，气范畴蕴含阴阳之气、四时之气、五行之气、自然现象之气、冷暖寒暑之气、血气、精神之气、人伦之气、社会习气、精液之气、药物之气……。按照这种思维逻辑，气之义项还可以无限列举。今天不能一般地用现代哲学的物质概念、形式逻辑和"抽象的一般性"来解读我国古代哲学"气"之内涵，因为中国古代哲学之"气"内涵既包含物质之表征，又包含人的心灵体悟，是"具体的一般性"，这种哲学体验至今还影响着中国当代人的思维和心理。

中国古代哲学认为，气是构成宇宙万物的原始性物质，充满天地间的只有"气"，万物皆由气组成，"气"是世界本原。对此，中国一些古代思想家多有论述，如《荀子·王制》曰："水火有气而无生"。《列子·天瑞》曰："太初者，气之始也"，其意为"太初时，元气开始形成也"，又曰："天积气耳，亡处亡气"，"日月星宿，亦积气中之有光耀者"[3]21，其意为"天为气所聚积而成，气无处不有，气无处不在"，"日月星宿，也为气聚积而成，不过气中有带光耀的东西"。

东汉哲学家王充认为，天地万物皆元气构成，宇宙的根本是"元气"。他在《论衡·自然篇》中说："天地合气，万物自生"，"天者，普施气万物之中"，"天动不欲以生物，而物自生，此则自然也。施气不欲为物，而物自为，此则无为也。谓天自然无为者何？气也"[4]。这是讲万物的产生是自然而然的；气是无欲望无作为的，"天动施气"并非有目的活动，明确地否定了自然之外另有一个推动力，天是自然而不是神。这种思想既肯定了自然界的物质性，又肯定了自然变化的客观性。

“一元之气”的哲学观点，在中国古代源远流长，如宋代张载在《正蒙·太和篇》曰：“太虚无形，气之本体；其聚其散，变化之客形尔”[5]，明末清初思想家黄宗羲在《明儒学案》中写道：“天地之间，只有气”，“理为气之理，无气则无理”[6]。

除“一元气论”外，还有“二元论”、“五行论”，这些哲学思想都涉及与“气”或“气象”的联系。中国古代哲学所讲的“二元论”与现代哲学的“二元论”概念完全不同，它是指“阴阳二元”和“理气二元”。其中，“阴阳二元”起源最早，流传最广，对人们社会生产生活的影响十分广泛。

阴阳的最初含义，是指日光的向背，朝向日光则为阳，背向日光则为阴，明显与天象天气有关。后来在长期的社会实践中，古代先民把遇到的各种两极现象都以阴阳来加以概括，于是其义项被不断地引申，如明暗、暖冷、天地、日月、昼夜、上下、水火、升降、动静、内外、雌雄等相对的事物和现象都用阴阳进行概括。阴阳概念在殷商和西周时期就已出现，但《易经》对阴阳哲学思想发展产生了重大意义。从古代对阴阳的理解分析，阴阳既可以表示相互对立的事物或现象，又可以表示同一事物内部对立着的两个方面；阴阳的属性，并不是绝对的而是相对的，一方面表现为阴阳双方是通过比较而区分，单一方面则无法分阴阳；阴阳是中国古代人们思维的具体抽象，对世界上存在的任何事物都可以概括划分为阴和阳两类，而一事物内部可分为阴阳两个方面，任一方面还可再分阴阳。

古人认为万物根源于阴阳，在我国古代文献中很早就有记述。《易》是华夏文明史最早的典籍之一，它最早记述了万物根源于阴阳的思想观点。《周易》把“气”分为阴气和阳气，《周易·系辞上》说：“一阴一阳之谓道。继之者善也，成之者性也”[1]247。《周易·说卦》曰：“参天两地而倚数，观变于阴阳而立卦”[1]275。《说卦》在

“观变于阴阳”之后，论述的就是气象变化之现象。因此，有观点认为构成易卦的基本要素是气象，《易》之大厦以古代气象知识而构成[6]47。《黄帝内经·素问·阴阳应象大论篇》对万物根源于阴阳描述得比较展开，篇中曰：“阴阳者，天地之道也，万物之纲纪，变化之父母，生杀之本始”[7]。这里更明确说出了“阴阳是宇宙间的普遍规律，是万物之纲领，是变化之根源，是生灭之根本”。

五行论也是我国最古老的哲学思想之一，在公元前30世纪的黄帝时代，就产生了水、火、木、金、土五行思想。五行中的“五”，即是指构成世界的木、火、土、金、水五种物质，“行”是指这五种物质的运动和变化，而五种物质除“金”外都与气象有关。古人对五行的认识和深化，经历了长期的历史过程，其起源应当是来自古代先民的社会实践，如《尚书·洪苑》说：“水曰润下，火曰炎上，木曰曲直，金曰从革，土爰稼穑”[8]。这里对五行的阐释，并以木生火、火生土、土生金、金生水、水生木的“相生”，木克土、土克水、水克火、火克金、金克木的“相克”、即“相生、相克”规律来阐释各种事物普遍联系的基本法则，从而形成了五行学说。《尚书·洪范》曰：“五行：一曰水、二曰火、三曰木、四曰金、五曰土”[8]101。《洪范》分九畴，五行为首畴，为九畴之总纲，其他八畴都是五行的具体应用[6]51。五行思想在商周之际，已经运用到当时人们物质世界和精神世界的许多方面，包括用于人们的取名，对文字的理解，对人体生病的医理推断等等。五行思想流传甚广，经久延续。直到宋代王安石依然认为，天地万物是由金、木、水、火、土五种元素构成的。他说五行“往来乎天地之间而不穷者也。”现今民间五行思想还有流传。

一气说、阴阳说和五行说，在中国思想史上既有分而论述，亦有统一论述的思想观点，其解释因思想家的流派不同而有很大差别，这属于中国思想史研究的范畴，这里不予详述。但是，中国古代凡涉及一气、阴阳、五行的学说都会以描述气象现象之理而推及其他，这一点将在下节内容中详述。

中国哲学到宋代,出现了研究“理气”、“心性”的哲学思潮。一些理学家把“理”说成是宇宙的本原,世间的万事万物都是从“理”派生而来的。北宋思想家程颐认为“理”是宇宙的根本,理主宰气,阴阳是气,气受理的支配。朱熹把理、性、命、天都视为一体,统称为太极,把阴阳、五行统归于气。他在《理性大全》中说:“太极便是人心之至理”,而“总天地万物之理,便是太极”。显然,朱熹的气理二元论,强调的是“天下之物,皆实理之所为”,“天下未有无理之气,亦未有无气之理”,但理先于气,他把精神视为先于物质的根本存在。由此可知,“气”在理学研究中仍然处于重要的地位。

二、气象与古代哲学思辨

中国古代哲学思维,侧重以现象联系、事物表征、归纳和类比推理、具体的一般性和心灵体悟为特点。这种思维特点,使气象、大气自然地与中国古代哲学发生了深刻联系。

第一,通过论气反映事物的运动与变化。气是运动和变化之气,而且具有无穷性。如《周易·说卦》曰:“天地定位,山泽通气;雷风相薄,水火不相射”[1]276。其意为“天地相互对立,山泽气息互相流通;风雷相互激荡,水火互相克制”。《老子·德经》说:“万物负阴而抱阳,冲气以为和”[9]。其大意为“万物各自包含有阴阳,阴阳二气,互相激荡运动而得到统一”。《荀子·天论》曰:“列星随旋,日月递炤,四时代御,阴阳大化,风雨博施”[10]。其意为群星相随旋转,日月交替辉照,四季接替运行,阴阳二气普遍化万物,风雨广泛布施”。从以上这些论述分析,在古代哲学中气是变化之气,是运动之气,各种气象现象则是“阴阳二气”运动和变化的重要表征形式之一,如《淮南子—天文训》认为,阴阳二气相偏,便生风;阴阳二气相交,便生雨;阴阳二气相逼近,便响雷;阴阳二气散乱,便生雾;阳热之气胜于阴气,便扩散为雨露;阴冷之气强便凝结为霜雪[11]。对照今天的气象科学,这些认识就显得比较模糊。

第二,通过论气反映事物之间的普遍联系。中国古代哲学

"气"之内涵和外延不确定,所以"气"与万事万物具有普遍性联系,因为"万物负阴而抱阳",阴阳二气化万物。如《老子》曰:"道生一,一生二,二生三,三生万物"。同时,强调万事万物又归于一道,到宋代哲学则认为万物一理,这样在理的层面上就把天理、地理、气理、生理、物理和事理取得了普遍性的联系。(1)气象与天地联系,如《淮南子·天文训》说"天之偏气,怒者为风;地之含气,和者为雨"[11]38。其大意为"阴阳二气相偏而形成怒气,便形成了风;阴阳二气相交合,便形成了雨";(2)气象与生物植物联系,如《礼记·月令》曰:"孟春行夏令,则雨水不时,草木早落,国时有恐。行秋令,则其民大疫,飙风暴雨总至,藜莠蓬蒿并兴。行冬令,则水潦为败,雪霜大挚,首种不入"[12];(3)气象与人们生产生活联系,《礼记·月令》曰:"孟春之月,天子乃以元日祈谷于上帝。乃择元辰,天子亲载耒耜,措之参于保、介、御之间,率三公九卿诸侯大夫躬耕帝籍田"[12]290。最高的官员都如此躬耕籍田,更何况百姓。《礼记·月令》还曰:孟春之月,"是月也,禁止伐木,无覆巢,毋杀孩虫、胎夭、飞鸟,无麛无卵"[12]290。(4)气象与人之生命的联系,如《庄子·知北游》曰:"人之生,气之聚也。聚则为生,散则为死……通天下一气耳"。董仲舒以主观类比方法,他在《春秋繁露·阴阳义》曰:"天亦有喜怒之气,哀乐之心,与人相副,以类合之,天人一也。春,喜气也,故生;秋,怒气也,故杀;夏,乐气也,故养;冬,哀气也,故藏;四者,天人同有之,有其理而一用之,与天同者大治,与天异者大乱"。董仲舒的这些描述虽有牵强附会,但也不自觉地反映了人们的四季心理特征;(5)气象与政事联系,如《左传·庄公十一年》记载:公元前 683 年秋天,宋国发生了洪水灾害,宋闵公就曾自咎"孤实不敬,天降之灾"[13],即由于寡人没有敬天,所以天才会降下灾殃。中国古代哲学通过气、气象反映与事物之间的联系具有普遍性的特点,当然其中也有部分反映封建迷信的内容。

第三,通过论气反映事物运动的基本规律。气象现象是一种复杂多变的现象,先哲们通过对气象现象变化的研究,认为能够反映一些事物的运动规律。如老子说:“飘风不终期,骤雨不终日”。其大意为:狂风刮不过一个早晨,暴雨下不过一个整天。这两句话虽然说明的是“飘风和骤雨”这两种气象现象的生命史,可以指导人们对短期天气现象的认识。但是,在这里并非单纯告诉人们“飘风、骤雨”的生命规律,而是要告诉人们狂风、暴雨般的社会行为都不能持久,这就是事物运动的一般规律。又如《吕氏春秋·仲春纪·情欲》说:“秋早寒则冬必暖矣,春多雨则夏必旱矣,天地不能两,而况于人类乎?人与天地也同,万物之形虽异,其情一体也”[14]。这里也并不是单指秋寒冬暖、春雨夏旱的气象现象,而是要说明事物运动的总体平衡规律。类似通过气象现象变化而揭示事物运动规律在古文献中颇为多见。

第四,通过论气试图说明社会运动的规律。气象灾害与社会稳定发展是有一定联系的,特别是在国家政治处在昏暗时期,气象灾害对社会的破坏性会被充分放大,对此古人已经早有认识。如根据《史记·周本纪》记载:“幽王二年,西周三川皆震。伯阳甫曰:‘周将亡矣。夫天地之气,不失其序;若过其序,民乱之也。’‘夫国必依山川,山崩川竭,亡国之征也。’”这里讲的是地象对政治的预兆,以此警告当时荒淫无度的周幽王,而事实上其后不久西周崩溃。中国历次农民起义大都是由于政治统治黑暗,又有严重的气象灾害外因相加,民众受社会和自然灾害的双重压迫,民不聊生而被迫造反,最终发生改朝换代。

三、易经中的气象思想

《周易》是一部与气象关系非常密切的经书,原称为《易》,又称《易经》。周朝统治者习惯用蓍草来占卜吉凶,称为占筮。占卜时根据该草茎数量的奇、偶,排成各种卦,再参照占筮书的记述,判断出吉凶。《周易》就是这类占筮书的一种。《周易》中用“—”和“— —”两个最基本的符号代表阳和阴,分别称为阳爻、阴爻。把“—”和“— —”叠列三层,可以形成八种组合形式,俗称八卦。这八卦的卦象是：乾、坤、震、巽、坎、离、艮、兑，其中乾为天，坤为地，震为雷，巽为风，坎为水，离为火，艮为山，兑为泽。可以说八卦的每一卦，其原意都与气象有关，因此有人认为科学解读八卦，其原意不能离开气象。《周易》的预测学意义也蕴含了分析气象灾害与社会凶吉的关系。因此，有专家认为，易卦的内涵，就是与气象内容有关的各种知识体系[6]47。

《易经》，是中国传统思想文化中自然哲学与伦理实践的根源，对中国文化产生了巨大的影响。据说是由伏羲氏与周文王（姬昌）根据《河图》、《洛书》演绎并加以总结概括而来，同时产生了易经八卦图，是华夏五千年智慧与文化的结晶，被誉为“群经之首，大道之源”。

“易”是象形字。“日往则月来，月往则日来，日月相推而明生焉”。气象要素是易八卦中预测事物的变化的基本要素。《易》是专门讲变化的学问。而天、地、雷、风、水、火、山、泽八种自然现象作为变化的基本要素，分别代表着乾、坤、坎、离、震、巽、艮、兑八卦，这标志着先人对气象要素在事物变化中的作用的认识。

《周易》把“气”分为阴气和阳气，《周易·系辞上》说：“一阴一阳之谓道。继之者善也，成之者性也”[1]247。《周易·说卦》曰：“参天两地而倚数，观变于阴阳而立卦”[1]275。《说卦》在“观变于阴阳”之后，论述的就是气象变化之现象。因此，有观点认为构成易卦的基本要素是气象，《易》之大厦以古代气象知识而构成[6]47。

古人以阴与阳相互交错，衍生出了四象、八卦，八卦相重，推演成六十四卦，从而就构成了一套庞大的知识体系，不仅可以对应风雨雷电等各种天气现象，而且可对应一年的气候变化，分别代表冬夏、四时、八节（立春、立夏、立秋、立冬、春分、夏至、秋分、冬至）、十二月、二十四气、三十六旬、七十二候，并用专门的卦爻符号来表述和记载。这样易卦体系几乎可以表现所有的气象变化。

气象太极图——最早的八卦太极图之一。八卦最初来源于占卜，其中乾、坤、震、巽、坎、离、艮、兑卦分别代表天、地、雷、风、水、火、山、泽。可以说每一卦的原意均与气象相关。

《中国气象史》认为，中国远古时代，人们把预测未来气象灾异和吉凶祸福的活动，编制占卜所用的底本称为“作《易》”。清代学者章学诚说：“上古圣人，开天创制，立法以治天下，作《易》与造宪同出一源。”(《文史通义·解经上》我们的祖先从万年前的渔猎时代开始，就有意识地对天地万物进行“仰观俯察”，对天时“节以制度”，历数千年而创造了各种时令节气系统和《易》八卦系统，成为人类科学文化的渊薮。

第三节　气象与古代文化观念

气象意识，是气象现象在人们头脑中的反映，气象观念文化又被人们通过口头、文字、符号、器物等用以表达的观念和思想载体。气象作为人们生产、生活的自然环境与条件，被人们意识所反映具有必然性，但气象意识文化被强化和发展的程度，则与气象对人们影响的深度和对气象的依赖程度、感受和认识密切相关。

一、气象与“天人合一”观念

“天”，在中国先民的心目中具有特殊的意义和内涵，可以说是人格化了的“天”，如“老天爷”就是老百姓的口头禅，还有“天子”、“天王”、“天兵”、“天师”、“天宫”、“天命”、“天神”、“天道”、“天理”、“天怒”等等，人们对天的感知除日月星移之外，就是气象万千之变化，被人格化了的“天”则通过天气变化而显示其人神的特征，由此形成了各种与气象相联系的思想观念。

第一，天帝思想观。中国是一个农耕文明历史悠久的国家，古代的农业丰歉主要取决于气象条件。因此，人们在政治思想中不断强化了气象意识。在夏商时期，由于迷信盛行，神权主宰国家政治，人们只有把消灾求顺的期望寄托于帝或上帝，如在《卜辞》中就有“贞舞允从雨”的记载，那时人们的社会气象活动就是神圣的政治活动，由于整个社会生产力十分落后，人们对天象（地象、气象）

的认识还十分幼稚，非常崇拜帝或上帝，认为气象风调雨顺或灾变、收成好坏、战争胜负都是上帝决定的。如果违背了上帝的意志，就是逆天意而行，必然会遭遇天灾天祸。那时许多天气现象都被赋予了神的含义，如风神、雨神、雷神、旱神等。面对各种气象灾害，最高统治者无能为力，只能求助于上帝。

中国古代的天命观至少在殷商的时代便已经产生。商时先民虚构出一个至高无上的神——帝或上帝，来作为最高统治的神学根据。所谓“帝立子生商”[15]便是如此。一方面是上帝或天神对人起主宰作用，另一方面则是人通过龟卜等手段来窥测天意，并以此来指导自己的行为。

中国进入西周以后，社会生产力得到新的发展，社会生产方式随之发生了较大变化，气象与政治的联系也有新的变化。从公元前 11 世纪（西周灭商）到春秋末年（公元前 403 年），其间出现了青铜器，春秋进入铁器时代，铁器的使用极大地提高了人们的社会生产能力。由于农耕生产发展的需要，人们对天文和气象的认识已经积累了较多经验，周人到春秋时已经有“冬至、夏至、春分、秋分、立春、立夏、立秋、立冬”八个节气的划分，并通过节气划分来表征气象季节，以此来指导农耕生产。周人的天命思想较夏商也发生了新的变化，一方面受当时科学技术水平的局限，周人不可能否定天命而放弃迷信；另一方面通过对夏商王朝灭亡的教训，他们认识到“侯服于周，天命靡（无）常”[15]472，即对天命产生了怀疑，从而产生了“天道”与“德政”相联系的政治观，周人以受命于天而代商，《尚书·召诰》说，商王“惟不敬（重视）厥（他们的）德，乃早坠（丧失）厥命”[16]，即商因“失德而灭亡”，周因显德而天受命。同时，周朝统治者也看到了人在农耕劳动中的价值，在一些思想先进的上层人士中产生了民本思想，如《尚书·五子之歌》曰：“皇祖有训，民可近，不可下。民惟邦本，本固邦宁”[16]42。周朝政治把“天道”、“德政”与天象（气象）联系在一起，经常以天象（气象）异常为警告，用为政不仁，有违天道，天道失常，政不存焉来警告周天子。因此，气象异象在那时就成为十分重要的政治问题。

商人一味依赖上帝、遵从天命，带来的却是殷商王朝的灭亡，所以继商而起的周王朝必须要考虑这一客观现实，从而提出了“天命靡(无)常”的新观念。但天命无常不等于否定天的权威，“敬天”思想对周统治者仍是必不可少的。周人一方面利用上帝、天命的权威来吓唬殷顽民，为其以周代商提供神权上的依据；另一方面即对周贵族自身来说，则除了讲受命于天之外，更强调“有德”以“保民”，提出了“以德配天”和“敬德保民”的思想，这样才可以永远“享天之命”。周人对德行和民心的关注，也影响到至上神的概念从上帝到天命的转移。周统治者自称为天子，君权神授在形式上也就演化为君权天授。

第二，敬天思想观。敬天观是孔子思想的一个重要内容，是在殷周帝令天命观的基础之上，孔子形成了自然天命观。孔子的天人理论是历史上第一个成型的天人观。孔子的天人观具有矛盾的性质。他肯定天(命)是至高无上的价值理想，“唯天为大，唯尧则之”[17](《泰伯》)。故人们应当敬畏天命、敬畏大人和敬畏圣人之言。“三畏”之中，敬畏天命是第一位的，因为“获罪于天，无所祷也”[17]27(《八佾》)。人的努力、包括祈祷在内只有在遵从天命的前提下才有意义，孔子始终需要维护天命的权威；一切都是遵循天命的必然过程：“道之将行也与，命也；道之将废也与，命也”[17]157。(《宪问》)孔子从客观必然的角度来规定天命，对后来儒家的天人观有较大影响。

儒家“天”的思想解读。孔子在《论语》中49次用到“天”字(包括天下、天子之内涵)，其中含义有三：一为自然之天；二为主宰或命运之天；三为义理之天[17]10。作为自然之天，孔子说：“天何言哉？四时行焉，百物生焉。天何言哉”[17]188？他认为，上天虽默默不言，可是万物生长，四时流转，不爽分毫，他从中看出上天的爱心是永恒一致的，从而得到极大的鼓励。因此，他在《易经》中写“天行健，君子以自强不息”[1]3。以此作为对世人的劝勉。根据统计在《荀子》中的“天”字更多达597处，可见儒家敬天、事天、畏天、法天之广浩，“天”是儒家精神道德的根本与力量之源。

孔子在论到君子时说：“君子有三畏，畏天命，畏大人，畏圣人之言”[17]177(《季氏》)。孔子说，君子有三种敬畏：敬畏天命，敬畏在上掌权的道德高尚的人，敬畏圣人的言论。而对于敬畏天命，乐天而行的人，孔子则大加赞扬。请听他对尧的称赞：“大哉，尧之为君也！巍巍乎，唯天为大，唯尧则之。荡荡乎，民无能名焉。巍巍乎其有成功也。焕乎其有文章”[17]83(《泰伯》)。其意为“尧作为国君真伟大啊！崇高啊！只有天最大，唯独尧能效法天。他的恩德广博无边，老百姓不知道怎样去赞美他。他的功业真崇高啊！他的礼仪制度也太美好了。”尧所取得的成功完全在于，敬畏上天，顺服上天，效法上天。在《诗经》与《书经》中对于尧的文功武治有更多的记载。在那里可以读到上帝对尧直接教诲与指导，尧对上帝的忠心充满敬爱等等。

第三，天人感应思想观。中国从战国(公元前403年，亦有称公元前475年)进入地主封建制社会，到1911年延绵2300余年，其间中国既创造了世界人类发展史最辉煌的农耕社会文明，也几经裂变和民族融合，人民忍受了残酷的社会力和自然力的双重奴役。在漫长封建社会中，气象与社会政治之间一直存在比较密切的关系，并经过汉代儒学的改造，提出了“天人感应”的天象、气象政治思想观。汉代唯心主义思想家董仲舒认为：自然界的春、夏、秋、冬分别体现了天的庆、赏、罚、刑。他肯定“天有喜怒之气、哀乐之心”和“天人一也”，他在《春秋繁露·必仁且智篇》认为“灾者，天之谴也；异者，天之威也，谴之而不知，隈之以威”；“国家将有失道之败，而天乃先出灾害以谴告之，不知自省，又出怪异以警惧之，尚不知变，而伤败乃至”[18]，“凡灾异之本，尽生之于国家之失。国家之失乃始萌芽，而天出灾害以谴告之。谴告之而不知变，乃见怪异以惊骇之。惊骇之尚不知畏恐，其殃咎乃至”[19]，董仲舒强调天命非人力所能致，天主宰一切。天命予夺是通过祥瑞或灾异为其预兆，祥瑞是天佑的征象，又称受命之符。董仲舒把天说得活灵活现，国家的治乱，人君的祸福，都由天意决定。天意是通过一系列灾害、怪异等自然现象表现出来的。其后的历代统治者，包括普通民众都受到这一思想的影响。因此中国历代都非常重视和关注天象、气象问题，从古代遗存的典籍看，古代的历史记事是非常经典的，非重大事件很难被记入史册。但是，《左传》、《史记》、《资治通鉴》等这些具有重要历史影响的史书，都记载有每年发生的重大天象（气象）事件，由此可见气象在古代帝王政治活动中的地位。

第四，"人定胜天"思想观。"人定胜天"思想源于先秦，根据《辞源》介绍，《逸周书·文传解》记载，有"兵强胜有，人强胜天"之说。司马迁在《史记·伍子胥列传》中记载有"吾闻之，人众者胜天，天定亦能破人"。到宋代正式有"人定胜天"的表述，如宋代刘过在《龙川集·襄阳歌》中曰："人定兮胜天，半壁久无胡日月"。

思想家荀子，他就反对天命论，《荀子·天论》主张"明于天人之分"、"制天命而用之"，他认为："天行有常，不为尧存，不为桀亡。应之以治则吉，应之以乱则凶"[10]346，在"制天命而用之"的基础上，荀子主张人定胜天，反对怨天尤人。《荀子·荣辱》说："怨天者无志"。

汉代王充运用逻辑推理认为，天是有形体的与地相类的自然，它没有耳目口鼻的感官，因而也不可能有任何知觉。根据王充的逻辑推理：如果天是体，天的神性便不能成立，如果天是气，天的神性也同样不能成立；假定天有耳目等感官，这种感官不能及人，假定天没有耳目等感官，天更不能及于人。这就从一切可能方面，否定了天的感觉性、意志性与神性。但是，人定胜天的思想由于受到当时社会生产力发展限制，在中国整个封建社会一直没有取得支配地位。

二、气象自然现象崇拜

原始人类自然崇拜的对象选择，与人们的社会存在有着密切关系，人类原始部落群体因其生活环境不同，形成了不同的自然崇拜对象及活动形式，一般都崇拜对本部落及其生存影响最大或危害最大的自然物和自然力，并且具有近山者拜山、靠水者敬水等地域及气候特色，反映了人们祈求对象来源于自然实际，并且与人类自身的安全与生存需要相关。恩格斯认为“在历史的初期，首先是自然力量获得了这样的反映”[20]。“这样的反映”是指超人间力量的反映。原始自然崇拜，后因对其崇拜对象的神灵化发展，逐步形成了天体、四季和气象之神，其祭拜活动不断丰富，而且不断规范，宗教就是人类对神信仰的规范性文化反映。一些具有原生型特点的宗教崇拜形式自远古社会延续下来，有的至今还在流传。

自然神观念产生以后，在各民族的宗教发展中“又经历了极为不同和极为复杂的人格化”，“除自然力量外，不久社会力量也起了作用”，“在更进一步的发展阶段上，许多神的全部自然属性和社会属性都转移到一个万能的神身上”[20]355。古代人们对自然气象现象崇拜的演化也经历了这样的阶段。进入新石器时代，由于农业和畜牧业的发展，人们开始把生产和生活密切相关的一些自然现象——风雨雷电、太阳、月亮作为自己生存的护佑神来崇拜，并不断丰富了自然神的形象和能力，雨神、雷神和风神等不断被人格化，发展到最后各种自然气象神、河神、水神逐步被“龙王”所代替。

中国商代先民对雨神敬仰之迷信，从现今保存的甲骨卜辞中发现，在“10 万片甲骨中，其中占雨的卜辞有几千条，可见占雨曾经是商王的重要职责之一”[21]，《淮南子》记载：“汤之时，大旱七年，以身祷于桑林之际，而四海之云凑，千里之雨至”[22]，从这里可以看到商代祭天求雨、祭神消灾的活动情况。

从雨神到雨师。在农耕社会里，雨与人类的关系非常密切，它关系到庄稼的丰歉，关系到人们生命财产的安全。天不下雨，就意味着绝收挨饿。但雨何时下，雨水的多少，人们无法知晓和控制。古人认为有一位神灵控制着降雨，并向雨神献祭，祈求。根据史书记载，成千上万哀民聚集山巅，手拿树枝求雨活动经常发生。殷代甲骨卜辞中，已有大量祈雨、求止雨的记载，甲骨文中求雨的内容比较多。人们对雨神崇拜也逐步人格化，据《山海经·大荒北经》记载有"蚩尤请风伯雨师，纵大风雨"之传说。在春秋、战国以后，各地雨神信仰已经相对集中，形成了统一的雨神——"雨师"，并被列入国家祀典。据《词源》解释："雨师，为司雨之神"，雨神完成了由自然神到人格神的转变。后来由于龙王信仰的兴起，雨神、水神、河神信仰被龙王取代，民间对雨师的奉祀逐渐淡化。

从雷神到雷公电母。雷电对古代人来讲，最使人们感到恐怖。雷电往往伴随着疾风暴雨，摧毁房屋和树木，造成火灾，击毙人畜。据《史记·殷本纪》记载：商帝"武乙猎于河、渭之间，暴雷，武乙震死。子帝太丁立。"[23]由此可见当时雷灾之危害。古人对雷击现象无法理解，不仅产生了对雷神的崇拜，而且塑造了雷神的形象和神性。如在《山海经·海内东经》中，雷神为"龙身而人头，鼓其腹"，《山海经·大荒东经》说"状如牛，苍身而无角，一足，出入水则必风雨，其光日月，其声如雷"。屈原《楚辞》中称雷神为雷师，名列缺。《汉书音义》："列缺，天闪也"。在民间，对雷神普遍的称呼是雷公，其状为兽形或半兽形。

春秋战国以后，人们还给它加上了许多的社会职能，认为雷神替天帝执法，击杀有罪之人，主持正义，并认为它有辨别善恶的能力。王充《论衡·雷虚篇》说："世俗以为击折树木、坏败房屋者，天取龙；其犯杀人也，谓之阴过。饮食人以不洁净，天怒，击而杀之。隆隆之声，天怒之音，若人之响吁矣"[4]82。这段记述反映了汉代民间对雷神的信仰，雷神也成为封建伦理道德的维护神，获得了民众的普遍信仰。直到现在，如果一个人遭遇雷击而亡，在民间仍然流传认为这个人是因果报应。雷和闪电两种现象是连在一起的，早期的雷神兼司雷、电两职，后又分为雷公、电父。但随着雷神的人格化，民间信仰喜欢为神匹配，于是电神自然地演化为雷公的配偶神，称为电母(或闪电娘娘)。苏轼有诗“麾驾雷车呵电母”，可见电母信仰在宋代已经出现。

关于气象宗教文化现象，进入中国的许多庙宇都贡奉有四大天王塑像，即东方持国天王，手持琵琶职调；南方增长天王，持宝剑职风；西方广目天王，手持一条龙职顺；北方多闻天王，手持宝伞职雨。四大天王分别代表风调雨顺，而且经常受到香客之贡奉。风调雨顺、气候宜人，也是古代先民对气象环境的一种向往和期望。我国是一个旱涝频繁发生的国家，祈雨祈晴几乎是古代在民间一项经常性的宗教迷信活动。其中古代祈雨方式有：

(1)晒神像祈雨，即把神像拿到烈日下暴晒以求降雨，神像通常是龙王，也有关帝、玉皇、观音等其他神像。人们认为，如果把神像放到烈日下暴晒，让神身受苦，神不堪受苦就不得不降下雨来。这种宗教方式在浙江、广东、河北等地部分县市都有流传。(2)盗神像祈雨，即在求雨时成立龙王会，组织其成员到邻村盗龙王像，并把盗回的龙王像放在本村庙前祈雨，雨真的下降后，便将神像重新油漆，然后敲锣打鼓送回原村子。河北邢台、北京附近地区就存在这种方式。(3)巡游神像祈雨，即把龙王或关老爷神像抬着巡游祈雨，各地神像巡游都有严格的仪式。(4)各地还有其他祭神祈雨祈晴的形式，如河南淮阳地区以“扫晴娘”祈祷天晴等。

虽然“一切宗教都不过是支配着人们日常生活的外部力量在人们头脑中的幻想的反映，在这种反映中，人间的力量采取了超人间的力量的形式”[20]354，但在人类发展史上，自然神的产生应当也是人类文化史最伟大的创造之一。

自然气象现象崇拜的出现，既是人类原始宗教的开始，也是人类探讨气象现象的初现。在相当一段时期，各种自然神笼罩了人类心灵，但同时自然科学内容也在其中孕育。因此，列宁认为：“科学思维的萌芽同宗教、神话之类的幻想的一种联系，而今天呢？同样，还是有那种联系，只是科学和神话间的比例却不同了”[24]。从历史唯物主义的观点分析，商代先民气象占卜虽然是一种迷信的政治宗教活动，但它为人们逐步认识自然，了解气象规律提供了一种可能的途径。由于大量的气象占卜记录，使商人不断积累和丰富了对气象现象的认识，在甲骨卜辞中不仅出现了雨、云、风、雷、虹、雪、雹、晕、霾等表征气象现象的文字和记录，而且对安阳地区3000年前的沙尘暴也有记录，并根据气象记录，对许多气象现象进行了分类和描述，如已经把“雨”划分为“微雨；大雨、多雨（雨量充沛之雨）；烈雨、疾雨（雨势猛强之雨）；霖雨（绵绵之雨）；从雨（雨来之顺）、及雨（雨来及时）、足雨（雨量充沛）等等，甲骨卜辞对“风向”和“风速”也进行了分类，如“小风、大风、骤风、狂风”等[21]265。没有大量的气象记录活动就不可能形成如此精细的分类和描述。现存的甲骨文气象记录是世界上保存的人类最早的气象记录之一[25]。到春秋战国时期，人们对各种天气现象已经有许多新的科学认识。

古代对气象现象的认识从自然神到自然现象的过程，说明人们对自然客观现象不了解，人类对自然的“神性”还没有找到相应的科学认识方法。但是，“神性”却能启发人的思维，当在实践中出现大量事实与“神性”不符时，人们就可能找到事物的规律，其原来的“神性”自然就可能消失。当然，人类认识过程是一项十分复杂的过程，到荀子时代，尽管他不相信有“自然神”（包括有气象自然现象崇拜）存在，但是那个时代依然不可能科学地认识和回答自然运行的规律问题，因此自然“神”和“非神”的争论一直相持延续，直到现代自然科学出现之前，不过在民间和在一些宗教习惯中还保留“自然神的信仰”。如果从“神”的意义理解，其实当今的人类同样可能制造出未来的“神话”，因为在人类面前还存在许多未知而人类欲知的疑难问题，诸如宇宙空间是否存在类似地球气候环境的星体，是否存在宇宙人，如果我们把它描述出来，说不定也是一部未来的神话。总之“只要人们还有一些不能从思想上解释和解决的问题，就难以避免会有宗教信仰现象。有的信仰具有宗教形式。有的信仰没有宗教形式”[26]。

人们对自然神的崇拜，对山、川、风云、雨雪、日月、天地的崇拜，是促使人们去观察自然，了解自然，热爱自然的动因之一。观察的结果才有地理学、气象学、水文学、矿物学、地貌学、土壤学等自然科学的萌芽和知识的积累，才有中国传统地学的产生和发展。历史上一些著名学者参与了历代统治阶级的自然崇拜活动，并利用这种机会进行旅游考察，搜集地学资料。如西汉司马迁随汉武帝出游，祭祀名山大川，游览了大半个中国，使他了解了各地的自然风光、社会经济、文化、风俗等。为他撰写《史记》中的地理篇章积累了丰富的第一手资料。

自然气象现象崇拜的另一种意义，就是起到了在无意间保护自然环境的效果。在古代先民脑海里，是自然神保护着他们，而且当人们遇到强大的自然力压迫时又求之于自然神。因此，他们对自己周围的自然环境敬若如神地进行保护，汉民族讲究保护居住地的风水环境，许多少数民族把一些树木和动植物作为神灵保护，或者因敬畏神灵而不敢损坏。先民的这些行为实际上也保护了人类赖以生存的气候环境，有些能够遗存到现在还比较完好的自然环境，应当“感谢”那个时代的神灵思想。近代科学发展以后，绝大多数人没有了自然神的意识，使人类感到非常骄傲，甚至认为主宰地球的只有人类自己，而事实并非如此，人类无节制地对自然环境进行污染和破坏，进入 20 世纪 80 年代以来，全球气象灾害的不断加重，才给人类敲响了警钟，遵循自然法则的意识才开始在人们头脑中被强化，自然规律就是当今人类应当敬重的“神”。

古代先民崇拜的对象十分广泛，其中崇拜自然神也是一种普遍现象。所谓自然神，指的是自然现象被人格化之后升格为神，这也是一种最古老的信仰。在中国民间信仰中有许多自然神，其中中国古代视自然气象现象的神，包括有雨神、雷神、风神和旱神等。

(1)雨师的演化。在农耕社会里，雨与人类的关系非常密切，它关系到庄稼的丰歉，关系到人们生命财产的安全。天不下雨，就意味着绝收挨饿。但雨何时下，雨水的多少，人们无法知晓和控制。

古人认为有一位神灵控制着降雨，并向雨神献祭，祈求。据《山海经·海外东经》记载："雨师妾在其北。其为人黑，两手各操一蛇，左耳有青蛇，右耳有赤蛇。一曰在十日北，为人黑身人面，各操一龟。"[27]

殷代甲骨卜辞中，已有大量祈雨、求止雨的记载。根据史书记载，成千上万哀民聚集山巅，手拿树枝求雨活动经常发生。在春秋、战国以后，各地雨神信仰已经相对集中，形成了统一的雨神——"雨师"，并被列入国家祀典。据《词源》解释："雨师，为司雨之神"，雨神完成了由自然神到人格神的转变。后来由于龙王信仰的兴起，雨神、水神、河神信仰被龙王取代，民间对雨师的奉祀逐渐淡化。

（2）雷神的人格化。雷电对古代人来讲，最使人们感到恐怖。雷电往往伴随着疾风暴雨，摧毁房屋和树木，造成火灾，击毙人畜。古人对雷击现象无法理解，不仅产生了对雷神的崇拜，而且塑造了雷神的形象和神性。据《山海经·海内东经》记载："雷泽中有雷神，龙首而人头，鼓其腹。在吴西"[27]197。"状如牛，苍身而无角，一足，出入水则必风雨，其光日月，其声如雷"。屈原《楚辞》中称雷神为雷师，名列缺。

春秋战国以后，人们还给它加上了许多的社会职能，认为雷神替天帝执法，击杀有罪之人，主持正义，并认为它有辨别善恶的能力。王充《论衡·雷虚篇》说："世俗以为击折树木、坏败房屋者，天取龙；其犯杀人也，谓之阴过。饮食人以不洁净，天怒，击而杀之。隆隆之声，天怒之音，若人之呴吁矣"[4]82。这段记述反映了汉代民间对雷神的信仰，雷神也成为封建伦理道德的维护神，获得了民众的普遍信仰。直到现在，如果一个人遭遇雷击而亡，在民间仍然流传认为这个人是因果报应。雷和闪电两种现象是连在一起的，早期的雷神兼司雷、电两职，后又分为雷公、电父。但随着雷神的人格化，民间信仰喜欢为神匹配，于是电神自然地演化为雷公的配偶神，称为电母（或闪电娘娘）。苏轼有诗"麾驾雷车呵电母"，可见电母信仰在宋代已经出现。

(3)风伯之职。即风神,又称风师、箕伯,名字叫作飞廉,蚩尤的师弟。风神信仰起源甚早,《山海经大荒北经》记载,蚩尤作兵,伐黄帝。请风伯雨师,纵大风雨。《周礼·大宗伯》“以燎祀司中,司命、风师、雨师”。楚地亦有称风伯为飞廉,如《楚辞·离骚》“前望舒使先驱兮,后飞廉使奔属”。郑玄注:“风师,箕也”,意思是“月离于箕,风扬沙,故知风师其也”。东汉蔡邕《独断》则称,“风伯神,箕星也。其象在天,能兴风”。箕星是二十八宿中东方七宿之一,此当以星宿为风神。

风伯之职,就是“掌八风消息,通五运之气候”。风是气候的主要因素,事关济时育物。《风俗通义》的《祀典》称,风伯“鼓之以雷霆,润之以风雨,养成万物,有功于人。王者祀以报功也”。唐以后,因风伯的主要职能是配合雷神、雨神帮助万物生长,所以受到历代君主的虔诚祭祀。然而风伯也常以飓风过境毁坏屋舍伤害人命,形成自然灾害,因此被视为凶神。

(4)旱魃的形象。我国幅员辽阔,自古以来旱涝等自然灾害频繁发生。古时人们将许多自然现象归之于鬼神的支配,如干旱,就认为是“旱魃”作怪。

旱魃的传说起源很早。古代神话《山海经·大荒北经》中上说:当年黄帝大战蚩尤,蚩尤请来风伯雨师,使狂风暴雨大作。黄帝则请来女魃,使风消雨止,打败蚩尤,并将蚩尤杀死。后来女魃没法再回到天上,就在地上住下来。她所居之处,常年无雨。这女魃就是旱魃[27]230。

汉代以后,有关旱魃的传说越来越多,旱魃的“形象”也各不相同有的把旱魃说成是一只怪兽,如汉代的《神异经》中就说魃“长二三尺,裸形,而目在顶上,走行如风”,并说魃出现的地方必有大旱。明清时期,以僵尸为旱魃的观念十分流行,由此派生出“打旱骨桩”、“焚旱魃”等求雨习俗。《明史》中记载的民俗说,每遇干旱,人们便发掘新葬墓冢,将尸体拖出,残其肢体,称作“打旱骨桩”。虽然明王朝下令禁止此风,但直至清代,此风在民间仍很盛行,且由

"打旱骨桩"进而发展为焚烧尸骨。

三、气象与龙文化

中国古代与气象防灾相联系的精神文化现象非常丰富，其中龙文化从一定意义上讲就是创造治水治旱文化的最高象征。中国是个农业国家，降雨是否适量对于农业收成的好坏至关重要。农民靠天吃饭，在自己无力影响降雨的情况下，只好求助于神灵。为此，每年春耕前夕一些农村都要举行隆重的祭龙仪式。

原始龙的图腾崇拜与气象有关。据考证在距今7000多年的新石器时代，先民就有对原始龙的图腾崇拜。龙为何物？《山海经·大荒北经》曰："西北海之外，赤水之北，有章尾山。有神，人面蛇身而赤，直目正乘，其瞑乃晦，其视乃明，不食不寝不息，风雨是谒。是烛九阴，是谓烛龙"[27]231。《山海经·海外北经》曰："钟山之神，名曰烛阴，视为昼，瞑为夜，吹为冬，呼为夏，不饮，不食，不息，息为风。身长千里。在无𦚕之东。其为物，人面，蛇身，赤色，居钟山下"[27]163。从上述文字对龙的记载分析，冬夏、风雨都可以说是气象现象，这也可以说明龙意识在开始形成之时就与气象现象有关。

关于"龙"字的气象解读。有观点认为，"龙"字来源于古代民众的现实生活，当"龙"成为一种偶像时，它是一个有别于自然界动物的复合体：牛耳、鹿脚、虎爪、蛇体、鱼鳞[21]97。造字的时代到了，需要给这个神物用文字表达出来，古人最初多以像形造字，有人可能认为像鳄，就造了像鳄的"龙"字；有人认为像蛇，就造了像蛇的"龙"字；还有人认为像闪电，就造成像闪电的"龙"字。因此，在甲骨文和金文中就有了几个"龙"字。《说文解字》曰："龙，鳞虫之长，能幽能明、能细能巨、能短能长、春分能登天、秋分能潜。"这里对"龙"字的解释都与气象有关。

关于"龙"意识文化的气象要素。从人类思维进步的历程分析，原始人类的思维具有直观性和表面性的特征，思维水平很低，是一种模糊思维，不可能像现代人的思维把云、雾、雷、电、虹、风、水浪等分辨得很清楚，也不可能把鳄、蛇、蜥、蟮等动物进行区分。这些现象对原始人来说都非常神秘，特别是人们对雨水降临时，乌云汹涌，电光闪闪，“隆隆”雷鸣……动物界也是如此，人们对虎、鳄、蛇等都非常惧怕。在这些现象大量反复的刺激下，在人们的意识中可能逐步产生了“龙”的意识。当人类思维发展到一定阶段以后，可能是归于“龙”的许多相似物逐步分离，最后只有在现代气象科学还没有产生以前，变幻莫测的气象现象还难以解读。但是，“龙”由原始崇拜到后来发展成为赋有民族精神的文化现象，从中可以看到中华民族文化的一个最大特点，就是继承与创造关系，继承不保守，创新不弃旧(旧的精华)。

与龙有关的气象习俗。中国特殊的地理气候条件，经常水旱不调，农业生产遭受水灾旱灾之威胁，由此民间龙王信仰文化历代相袭。据有关研究，在佛教传入以前，中国本土有龙而没有龙王，龙王名号的出现可能与佛经传入有关。《华严经·世举妙严品》有曰：“复有无量诸大龙王，所谓毗楼博叉龙王，娑竭罗龙王，云音妙幢龙王，……，其数无量，莫不勤力，兴云布雨”[28]。这里“龙王”具有神性和人性结合的特征，特别是“莫不勤力，兴云布雨”受到了中国老百姓的普遍欢迎和接纳。于是，华夏大地大凡有水的地方，都有司雨龙王或龙王庙，祈祷龙王的习俗也随之产生，且流布广远，传承至今。在江城武汉长江和汉江汇合处就有一座龙王庙。

祈雨祭龙王，在古代每当大旱之时，人们没有其他有效办法解决旱灾问题，只有向龙王求雨，举办祭龙王仪式，或抬龙王出巡，或举办善求仪式请愿、许愿、祭祀，或把龙王神抬到烈日暴晒等等，各地祭龙王的形式很多，还流传有许多龙与气象年景的许多说法，如在我国北方有“春分雷鸣龙升天，定主雨顺好收年”，“最怕秋分龙带闪，冬无雨雪遭灾难”。很多地区都有把龙与气象联系在一起的习俗，在人们信仰中似乎真有龙的存在，但在东汉时期王充就否定了龙的存在，他在《论衡·龙虚篇》中曰：“孔子曰：‘游者可为网，飞者可为矰。至于龙也，吾不知其乘风云上升。今日见老子，其犹龙乎！'夫龙乘云而上，云消而下。物类可察，上下可知；而云孔子不知。以孔子之圣，尚不知龙，况俗人智浅，好奇之性，无实可之心，谓之龙神而升天，不足怪也"[4]82。

尽管在现实生活中不存在龙，但人民群众中对龙的信仰与寄托并没有受到影响，龙的文化意识一直得到传承和发展。这里不免解析一首关于龙的诗—《龙湫歌》，这首诗由南宋诗人陆游所作，它勾画了湫龙行云施雨的壮观场面，全诗为："环湫巨木老不花，渊沉千尺龙所家。爪痕入木欲数寸，欢者心掉不敢哗。去年大旱绵千里，禾不立苗麦垂死。林神社鬼无奈何，老龙欠伸徐一起。隆隆之雷浩浩风，倒卷江水倾虚空。鳞间出火作飞电，金蛇夜掣层云中。明朝父老来赛雨，大巫吹箫小巫舞。词门人散月娟娟，龙归抱珠湫底眠。"由此可以想象龙是一种下可潜于渊、上可腾于天、行有从云雷电、可影响川泽云雨的神兽。

第四节　古代气象习俗文化

一、古代气象习俗概述

习俗是指习惯和风俗。习惯是指在长时期里逐渐养成的、一时不容易改变的行为、倾向或社会风尚；风俗是指社会上长期形成的风尚、礼节、习惯的总和。气象习俗，是指因气候季节、气候条件和气象现象等引起的并长时期流传或保存的具有倾向的社会行为，也是一种文化现象。

气象习俗，是人们长期与气象环境交往，并经过反复实践而逐步趋向稳定和自觉保持的一种社会行为，许多气象习俗曾经对人们的生产、生活有着极其重大的影响，人们都在自觉与不自觉地受到各种气象习惯或习俗的影响。气象习俗是习俗文化的重要组成部分，它具有如下特点。

1. 气象习俗的形成具有必然性。因为气象环境和条件对人类活动来讲已经是一种客观存在,它是不以人们意志为转移的。以人们主食习惯为例,食是人之本能,人的食物具有很广泛选择。但是,人们获取的主要食物是根据地区主要物产来决定的,而地区主要物产受到气候条件的制约和影响,在自然经济条件下,由于受到交通运输条件的限制,人们只能选择当地主要农业物产作为主食,时间长久就形成了一种主食习惯,而且人体理化也适应了这种主食,一旦要打破这种习惯人体还会不适应。

又如自然交通习惯的形成,同样受到气候环境和条件的影响,利用畜力是人类最原始的交通运输工具,但牲畜生长和作用发挥与气候环境密切相关,骆驼适应走沙漠,驴骡适应走山区,牦牛适应高寒地区,猎狗适应冰雪运输,牛适应温热地区,中国地区分布广泛,各种畜力分布差别非常明显。一些水域分布广泛的地区,人们从小就在水边活动,利用水道运输也就成近水地区的运输习惯。因此,在不同地区就形成了不同的交通习惯,与此相应的交通工具创造也千差万别。

2. 气象习俗有一定的地域性。不同地域具有不同的气候背景,人们面对的自然气象条件和气象灾害有很大差别。因此,在不同地区就会形成不同的气象习俗文化。对同一地区而言,人们面临的气候环境和条件具有相同性,一项有利于生产或生活的气象文化创造,很容易在同一地区传播和推广,并逐步成为习惯或习俗。如在一些多雨的地区,人们为防雨水渗漏、防积水、防渍涝、防洪水,创造了与之相适应的技术,当这种技术被普遍推广以后,就可能成为这个地区的习俗或习惯。比如,在雨水比较多地区,农村屋面坡度一般比较大,以利于屋面流水加快,而且各家各户的屋坡面差不多。

在我国沿海地区,渔民出海捕捞,最大的危害就是台风。因此,沿海居民非常关注海上天气,并形成祭海、祭风的习俗,其中妈祖文化集中反映了我国东南沿海居民祭海的习俗。在长江中下游地区,由于在梅雨期持续下雨、湿度很大,给人们生产生活造成了许多不便，在这一地区形成了一些与梅雨有关的习俗，流传至今的还有端午节（农历五月初五，正值入梅期，一般年份在公历 6 月 6—15日进入梅雨期，在长江中游有的地区有雨中赛龙舟的习俗）、晒衣节（又叫六月六节、晒龙袍，正值出梅期，一般年份在公历 7 月 6—10 日出梅），等等。

3. 气象习俗内容的广泛性。气象环境是构成人类社会活动的重要组成部分，凡是与自然气象有联系的人类活动都可能演化为一种地方的习俗。人们的劳动、出行、寝居、着装活动都与气象环境及其变化有关，气象习俗则反映在人们生产生活的方方面面。在前面的章节中，反映在建筑、医疗、饮食、服饰以及生产和社会活动中都可以看到一些气象文化习俗或习惯。诸如我国高寒地区扎头巾的习惯，沿海海风大的地区妇女带面巾的习俗，因雨水和气温条件不同中部地区穿草鞋、南方穿木拖鞋、北方穿皮靴鞋的习惯，因气候引起的机体理化不同而形成的习惯等等。由于在不同地区，其气温、湿度、光照条件不同，人们生理化学反应也呈现地区不同差别，因此在饮食习惯方面，人们对糖、盐、酸、辣、麻、咸、苦的味感也有地区差别。

4. 气象习俗传承的稳定性。这种稳定性与一个地区气候的相对稳定性是相互联系的，一条成功的气候经验自然会不断得到传承，如果气候背景没有大的变化，这种传承就会得以继续。习俗作为一种文化现象，有其自身的特殊功能，特别在古代社会，人们的整体文化水平比较落后，劳动人民的文化传播主要靠口头语言流传，利用习俗这种形式能最有效最广泛地传播人们已经取得的知识和经验，并且便于传承。如我国人冬“数九”的习俗，“数九”又称“冬九九”，这是我国冬季在长江中下游及其以北地区流传的一种民间气象节令，从“冬至”次日起开始数九，“九九歌”比较生动地反映了“各九”的气温特征，如“三九四九，冻死母狗”，“五九六九，河边看柳”等，数九习俗巧妙地利用自然界的物候现象和人体感受，生动地反映了“九九”气候变化的基本特征。因此，数九习俗流传甚广，而且历史悠久，在人民大众中比较广泛地普及了冬季气候知识。还有许多气象习俗被概括成谚语在大众中传播，如在长江中游地区就有“三月三，九月九，无事不到江边走”的谚语，这是告诉人们春来、秋到之时，天气变化剧烈，反复无常，要注意水害风灾，也是对春秋气候特征经验的概括，因此每年到这时一些老人经常会提醒出门在外的人要注意安全。

二、气象节气习俗

中国古代以气候二十四节气为载体而形成的习俗非常多，全面介绍这些习俗需要专门研究和著述。这里主要介绍二十四节气中一些有关立春、立夏、立秋、立冬和夏至、冬至，即“四立、二至”的节气习俗。

1.“四立”节气习俗。“四立”，即立春、立夏、立秋和立冬，中国古代把“四立”作为春、夏、秋、冬四个季节的开始，在人们生产活动中具体指示的意义，在民间形成了许多相关的习俗。

立春，是年历八节中的第一个节，每年在阳历 2 月 4 日前后。立春就是春气开始建立的意思，有的又叫作“新春日”。这个时候，黄河中下游地区土壤逐渐解冻，气温慢慢回升，万物已都开始发芽了。在“立春”这一天，举行纪念活动至少在 3000 年前就已经出现，直至现今还在传承。据文献记载，周朝迎接“立春”的仪式：立春前三日，天子开始斋戒，到了立春日，亲率三公九卿诸侯大夫，到东方八里之郊迎春，祈求丰收。如《吕氏春秋》记载：“立春之日，天子亲率三公九卿诸侯大夫以迎春于东郊。还乃赏公卿诸侯大夫于朝。命相布德和令，行庆施惠，下及兆民”。至汉代，据《后汉书·志第四·礼仪上》记载“立春之日，夜漏未尽五刻，京师百官皆衣青衣，郡国县道官下至斗食令史皆服青帻，立青幡，施土牛耕人于门外，以示兆民。”祈求丰收在民间一直流传鞭春牛的习俗，它起源较早，盛行于唐、宋两代，鞭土牛风俗传播很广。还有报春习俗，即旧俗立春前一日，有两名艺人顶冠饰带，一称春官，一称春吏，沿街高喊:“春来了,春到了”,以提示黎民,俗称“报春”,在农村民间接春放鞭的习俗至今还在传承。至今许多农村,在立春时刻还保留有放鞭炮的习俗,名曰接春。在台湾立春日还是农民节,农村各地要举行各种各样的庆祝活动[29]。

立夏,在每年阳历的5月5日前后,在民间,人们都习惯将这一天作为春季的结束和夏季的开始。这个时候,我国大部分地区的气候温暖,农作物生长发育正值旺盛时节。古代有“立夏之日,迎夏于南郊,祭赤帝祝融”的仪式,帝王要率文武百官到京城南郊去迎夏,举行迎夏仪式,君臣一律穿朱色礼服,配朱色玉佩,连马匹、车旗都要朱红色的,以表达对丰收的企求和美好的愿望。宫廷里“立夏日启冰,赐文武大臣”,冰是上年冬天贮藏的,由皇帝赐给百官。如《吕氏春秋》记有:“立夏之日,天子亲率三公九卿大夫以迎夏于南郊,还,乃行赏,卦侯庆赐,无不欣说。”至汉代,据《后汉书·志第五·礼仪中》记载“立夏之日,夜漏未尽五刻,京都百官皆衣赤,至季夏衣黄,郊。其礼:祠特,祭灶。”在民间,在立夏这一天,一些地方有“煎新茶”的习俗,专门送给亲戚朋友饮用,也有一些人家将杨柳树的嫩枝煎成汤给小孩喝,意思是吃了以后不会生“疰痨”。立夏这一天大家还会煮笋吃,认为吃了笋以后脚力会好起来,也有人家给小孩多吃些鸡蛋,意为吃了不会生疔疮,会像鸡蛋这么干净光亮。由于立夏正值农历四月时间,一些人家都积极买红花、新花、盐、柴、菜等货物,作为全年的备用。还有地方流传立夏尝新之俗,因为时至立夏许多新鲜农产品都可以采摘上市。

立秋,在每年阳历8月8日前后,早在周代,立秋之日,天子亲率三公九卿诸侯大夫以迎秋于西郊,举行祭祀仪式,还朝后对军武官员奖赏。据《礼记》记载周代,“立秋之日,天子亲帅三公、九卿、诸侯、大夫,以迎秋于西郊。还反.赏军帅武人于朝”[12]296。汉代也一直沿承这种习俗,并杀兽以祭,表示秋来扬武之意,据《后汉书·志第五·礼仪》记载,“立秋之日,夜漏未尽五刻,京都百官皆衣白,施皁领缘中衣,迎气于白郊”;“白郊礼毕,始扬威武,斩牲于郊东门,以荐陵庙”。民间则有根据在立秋日立秋的时刻来预测天气凉热的风俗,如东汉崔寔《四民月令》记有:“朝立秋,冷飕飕;夜立秋,热到头。”在立秋这一天,在民间,一些地区有“吃秋饱”习俗,在杭州一带有作“秋社”活动和“吃社饭”的习俗,在北京、河北一带民间流行“贴秋膘”的习俗,立秋这一天,普通百姓家有吃炖肉的习俗。在长江中地区一些老人会向晚辈提示不要当穿堂风过道睡觉。

立冬,在每年阳历 11 月 7 日前后,古时民间习惯以立冬为冬季的开始。在这一天,在周代,此日天子亲率三公九卿等到北郊迎冬,祭祀,当日赏赐烈者亲属,恤孤寡。据《礼记》记载周代“立冬之日,天子亲帅三公九卿大夫,以迎冬于北郊。还反,赏死事,恤孤寡”[12]298。至汉代,据《后汉书·志第五·礼仪中》记载,“立冬之日,夜漏未尽五刻,京都百官皆衣皁,迎气于黑郊”。立冬日迎冬风俗。在民间,立冬日也有一些民俗,在北方有立冬吃饺子的风俗,在一些地区还有立冬吃糕的习俗。

2.“两至”节气习俗。“两至”,即指夏至、冬至二个节气,中国古代非常重视这二个节气,古人很早就测得,夏至是一年中白天时间最长的一天,冬至是一年中白天时间最短的一天,古代分别指示真正进入炎夏、寒冬季节,在民间形成了许多相关的习俗。

夏至,狭义上指太阳在天球上经过黄经 90°的时刻,即 6 月 21 日(或 22 日)。此日太阳光几乎直射北回归线,北半球白昼最长。其后太阳光直射位置向南移动,白昼渐短。夏至日有许多禁忌习俗,如《吕氏春秋·仲夏纪》曰:“日长至。阴阳争,死生分。君子斋戒;处必掩,身欲静无躁,止声色,无或进,薄滋味,无致和,退嗜欲,定心气,百官静,事无刑,以定晏阴之所成”[30]。汉代《淮南子·时则训》中也有类似之说,“日长至,阴阳争,死生分,君子斋戒,慎身无躁,节声色,薄滋味,百官静,事无径,以定晏阴之所成”[11]81。《后汉书·志第五·礼仪中》记载“日夏至,禁举大火,止炭鼓铸,消石冶皆绝止”。

在民间，一些地区有夏至“忌雨”的习俗，其实这是一种气候期盼，因为夏至时节一般正值长江中下游梅雨阶段。有的地区有“做夏至”之习，农事小隙，新麦上市，吃“夏至面”或“麦粥”，伏日吃面习俗至少三国时期就已开始了。《魏氏春秋》：“伏日食汤饼，取巾拭汗，面色皎然”，这里的汤饼就是热汤面。《荆楚岁时记》中说：“六月伏日食汤饼，名为辟恶。”五月是恶月，六月亦沾恶月的边儿，故也应“辟恶”。头伏吃饺子是传统习俗，伏日人们食欲不振，往往比常日消瘦，俗谓之苦夏，而饺子在传统习俗里正是开胃解馋的食物。在民间还流行以夏至数伏的习俗，即在夏至后的第三个“庚日“为头伏”，头伏为 10 天，末伏为立秋后的第一个“庚日”起，也为 10 天，“三伏天”往往是长江中下游地区最热的时间。

冬至，这一天太阳直射地面的位置到达一年的最南端，几乎直射南回归线（南纬 23°26′），一年中这一天北半球得到的阳光最少，北半球的白昼达到最短，且越往北白昼越短。古人认为自冬至起，天地阳气开始兴作渐强，代表下一个循环开始，是大吉之日。据记载，周代以冬十一月为正月，以冬至为岁首过新年，也就是说，周公选取的是经土圭法测得的一年中“日影”最长的一天，为新的一年开始的日子。由周到秦，以冬至日当作岁首一直不变，以冬至为岁首，称作“过小年”。至汉代依然如此，《汉书》有云：“冬至阳气起，君道长，故贺……”也就是说，人们最初过冬至节是为了庆祝新的一年的到来。汉代以冬至为“冬节”，官府要举行祝贺仪式，称为“贺冬”，例行放假。据《后汉书·志第五·礼仪中》记载：“冬至前后，君子安身静体，百官绝事，不听政，择吉辰而后省事”，可能相当于现代的放寒假。唐、宋时期，冬至是祭天祀祖的日子，皇帝在这天要到郊外举行祭天大典，百姓在这一天要向父母尊长祭拜。明、清两代，皇帝均有祭天大典，谓之“冬至郊天”。

在民间流传有“冬至”的次日开始数九习俗。“数九”的习俗较多，其中“九九歌”最为广泛和悠久。“九九歌”利用自然界的物候现象，生动反映九九中的天气变化规律，如“三九四九，冻死母狗”，

“五九六九，河边看柳”，“七九八九，单衣行走”等，数九习俗巧妙地利用自然界的物候现象和人体感受，生动地反映了“九九”气候变化的基本特征。因此，数九习俗流传甚广，而且历史悠久，在人民大众中比较广泛地普及了冬季气候知识。冬至日，各地还有许多不同的饮食风俗，但多数地方有冬至吃饺子的习俗。有地方人们还把冬至作为一个节日来过，北方地区有冬至宰羊，吃饺子、吃馄饨的习俗，南方地区在这一天则有吃冬至米团、冬至长线面的习惯。

习俗在人民群众中是最有持续力和影响力的一种文化传播形式，在二十四节气长期传播中，它已经融入人们的生产生活中并形成了许多习俗文化，相传的年代非常久远，其中在一些重要节气还要举行习俗文化活动，为节气的传播提供了广泛的社会基础。

三、气象习俗流传

气象习俗是人类在一定生产力发展阶段，为适应和利用气象环境与条件的产物。在自然经济发展阶段，我国古代先民不仅创造了许多与之相适应的气象习俗，而且创造了很多有效的习俗流传形式。

1. 以节日传承气象习俗。我国农业文明产生与形成的过程，也是先民对天气和气候环境利用的认识过程。气候环境和条件决定了作物生长周期，也决定着初民的生活节律。根据自然气候，从耕作开始到结束称为一个“农年”，一年耕作之开端则需根据气象、物候与星象来决定。在一年中，根据生产季节和气候变化，形成许多与气象年景、农业生产季节有关的节日。如在《史记·天官书》中，司马迁记载了四个岁首日的说法曰：“凡候岁美恶，谨候岁始。岁始或冬至日，产气始萌；腊明日，人众卒岁，一会饮食，发阳气，故曰初岁；正月旦，王者岁首；立春日，四时之卒始”[23]200。在民间至今还传承着过“冬至日”、“腊明日（一说为十月历的一月一日，一说为腊祭的第二日）”、“正月旦”、“立春日”多个岁首并存的节日。

对每个节日期的天气，人们比较关注，以春节习俗为例，在许多农村至今仍流传有“一鸡二犬，三猪四羊，五牛六马，七人八谷，九菜十麦”的说法，即正月初一至初十，分别为鸡日、犬日、猪日、羊日、牛日、马日、人日、谷日、菜日、麦日，各日的天气对应该物的年景，如果这一天全天为晴天，则该物一年顺发无灾；如果上午阴，下午晴，就意味着上半年不顺和下半年顺；如果上午晴，下午雨，则意味着上半年顺，下半年不顺；如果全天下雨，则一年四季都不顺。这种风俗在农村不知有多少人去印证，但在一些农村至今还有传承，其中不免多有迷信，今农村青年信者甚少。

除春节外，清明节、端午节、中秋节、重阳节、除夕等节日都有对气象年景和气候灾异的讲究。每个节日人们以不同形式相聚在一起，大家相互交流，交流内容非常广泛，内容自然包括有年景、气候有无异常、农业气象实用技术交流等。

中国是一个多民族的国家，民族居住分布的地域非常广泛，由于各地气候季节差异，各民族形成了许多具有民族特色的与气候变化有关的节日，如壮族、黎族、白族、苗族的“三月三”节，满族的“颁金节”，藏族的沐浴节，蒙古族的“那达慕”大会，土家族的“摆手节”等都与气候季节变化或丰收有关。从总体看，各地的春季节日多为讴歌大自然，表达大地回春之喜悦和对一年的祈祷，秋季的节日多为喜庆丰收，感谢上苍带来的恩赐。随着社会的进步和发展，现代主要保留了传统的节日形式，而对节日所包含的天文、气象和农候的意义被逐渐淡化。

2. 以祭祀活动传承气象习俗。人类的祭祀活动源远流长，但在众多的祭祀活动中，有一部分与天文气象有关，根据文献记载，我国古代流传的四祭就与天文气象有关，即王者在“四立”（立春、立夏、立秋、立冬）之日举行郊祭，以尊天之道。普通百姓有四祭，具体为“春曰祠，夏曰礿，秋曰尝，冬曰蒸”，过时不祭，则失为人子之道也。这些祭祀活动实际起到了提示节气、气候与农事季节的作用，以达到不误农时的效果，而且世代相传，有利于农耕文明继承与流传。现代这些祭祀活动虽然没有了，但在农村“四立”之时仍然是非常需要掌握的重要农事节令，人们会相互提醒“四立”的时间，鸣鞭炮“接春”的习俗仍在一些地区流行。随着现代科学技术普及，在广大农村一些带有迷信色彩的习俗正在淡化和消失。

3. 以启蒙普及传承气象习俗。在农村小孩入学之前，或在最初从事农业劳动时，父母就会利用各种机会口头传授二十四节气，或者与天气、气候有关的农业生产经验知识，以及有关气象神话和传说。我国古代围绕二十四节气形成了许多生产、生活习俗。如“数九”习俗、“数伏”习俗，在农村一些比较有经验的老人，很早就教孩童背“九九歌”、“数伏歌”，特别在农闲时，雨雪天一家人不能下地做活，有的父母也教小孩如何“数九”、“数伏”和背习歌诀。

在一些节日、祭祀日还要传授很多禁忌“规矩”，如湖北东部地区在大年“三十”、“农历五月初五”（端午节），小孩吃饭时不能泡汤水的习俗，忌讳出门“多雨”；大年三十吃年饭，有一道“全鱼”大人小孩都不能吃，它预示来年的年景，以示年年有余，这种习俗至今还在延传。当然，这些虽多为迷信，但也寄托了人们对风调雨顺年景的期盼。在古代一些启蒙读物中，还有一些普及气象习俗的内容，如《千字文》中就有“天地玄黄，宇宙洪荒。日月盈昃，辰宿列张。寒来暑往，秋收冬藏。闰馀成岁，律吕调阳。云腾致雨，露结为霜”，其中“秋收冬藏”，作为文化习俗，一直得到传承。

4. 以谚语俗语传承气象习俗。古代用谚语、俗语传承气象习俗的现象比较普遍，几乎大多数习俗都可找到相近的表达谚语、俗语，如在一些地区，大门朝向有忌朝北的习俗，则有“北风扫堂，家破人亡”的说法，还有前后门忌对开的习俗，则有“风若穿堂，六畜不旺”的说法。民谚“六月六，晒丝绸”，讲就是在农历六月初六为晒虫节，人们在这一天把一些经常不穿用的衣物在太阳下晾晒，以防虫蛀。有的地方把这一天称为“翻经会”、“晒袍会”。

5. 以专业传授传承气象习俗。在古代传播气象习俗也有一些比较专业的人士，如风水师、木匠、石匠、道士、祭祀主持等。古代建设房屋对风水吉利禁忌很多，建筑房屋则涉及选址、方位、朝向、屋脊、走水、滴水、流水、进深、相邻等许多与气象有关的问题，其习俗传承就比较专业，一般由风水师、木匠、石匠等艺人掌握，并以师带徒形式进行传承，其中既有科学合理的部分，也有许多迷信内容。

参考文献

[1] 吴兆基编译. 周易. 第262页、第247页、第275页、第276页、第247页、第275页、第3页. 长春:时代文艺出版社. 2001.

[2] 朱祥瑞. 中国气象史研究文集. 第179页. 北京:气象出版社. 2003.

[3] 王强模译注. 列子全译. 第21页、第21页. 贵阳:贵州人民出版社. 1993年.

[4] [汉]王充. 论衡. 第234、第82页、第82页. 长沙:岳麓书社. 2006.

[5] 陈钟凡. 两宋思想评述. 第63页. 北京:东方出版社. 1996.

[6] 温克刚. 中国气象史. 第246页、第47页、第51页、第47页、第47页. 北京:气象出版社. 2004.

[7] 唐赤容编译. 黄帝内经. 第24页. 北京:中国文联出版公司. 1998.

[8] 张玲编译. 尚书. 第101页、第101页. 珠海:珠海出版社. 2003.

[9] 沙少海. 老子全译. 第84页. 贵阳:贵州人民出版社. 1995.

[10] 蒋南华译注. 荀子全译. 第348页、第346页. 贵阳:贵州人民出版社. 1995.

[11] [汉]刘安. 淮南子. 第38页、第38页、第137页、第81页. 北京:华龄出版社. 2002.

[12] 陈戍国点校. 周礼·仪礼·礼记. 第291页、第290页、第290页、第296页、第298页. 长沙:岳麓书社. 2006.

[13] 莫涤泉. 左传文白对照. 第73页. 南宁:广西民族出版. 1996.

[14] 杨坚点校. 吕氏春秋·淮南子. 第12页. 长沙:岳麓书社. 2006.

[15] 正坤译编. 诗经. 第662页、第472页. 北京:中国文史出版社. 2002.

[16] 张玲编译. 尚书. 第141页、第42页. 珠海:珠海出版社. 2003.

[17] 杨伯峻. 论语译注. 第83页、第27页、第157页、第10页、第188页、第177页、第83页. 北京:中华书局. 1980.

[18] [汉]班固. 汉书一董仲舒传. 第479页. 北京:万方数据电子出版社. 2003.

[19] [汉]董仲舒. 春秋繁露·必仁且智. 第30、75页. 北京:万方数据电子出版社. 2003.
[20] 恩格斯. 马克思恩格斯选集. 第3卷第354页、第355页、第354页. 北京:人民出版社. 1976.
[21] 唐汉. 汉字密码. 第263页、第265页、第97页. 上海:学林出版社. 2001.
[22] [汉]刘安. 淮南子. 第137页. 北京:华龄出版社. 2002.
[23] [汉]司马迁. 史记. 第18页、第200页. 长沙:岳麓书社. 1997.
[24] 列宁. 哲学笔记. 列宁全集. 第275页. 北京:人民出版社版. 1959.
[25] 汤一介. 国学举要. 第26页. 武汉:湖北人民出版社. 2002.
[26] 周恩来. 周恩来选集. 下卷第267页. 北京:人民出版社. 1984.
[27] 无名氏. 山海经. 第174页、第197页、第230页、第231页、、第163页. 北京:华夏出版社. 2005.
[28]《辞源》. 第3605页. 北京:商务印书馆. 1986.
[29] 高达. 二十四节气谚语新编. 第3页. 合肥:安徽文艺出版社. 2007.
[30] [战国]吕不韦. 吕氏春秋. 第27页. 长沙:岳麓书社. 2006.

第七章　古代气象机构

在中国古代天文气象活动一直是国家最重要的政治活动，历代均设置有专门的天文气象机构。国家天文气象机构主要职能不仅观测和记载天象、地象、气象和物象，而且还从事非常广泛的与这些现象相关和不相关的预测活动，可以认为是一个参与国家政治生活非常重要的机构。

第一节　古代气象机构概述

一、古代气象机构辨证

气象机构是一个近现代名词，是指从事气象监测、气象预测、气象研究、气象服务和气象管理等活动的相关组织或单位。中国古代是否存在这样的气象组织机构，回答应当是肯定的，但其职能并不完全是现代气象机构意义，其内涵也有很大的差别。

据《尚书·胤征》记载，中国在夏代设立有“羲和”，“掌天地四时”。《周礼·春官宗伯》记载，保章氏：“以五云之物辨吉凶、水旱降、丰荒之祲象。以十有二风，察天地之和、命乖别之妖祥”[1]。这说明周代已经设立观测和预测官职和机构。《左传》记载：僖公五年“春，王正月辛亥朔，日南至。公既视朔，遂登观台以望，而书，礼也。凡分、至、启、闭，必书云物(必须观测记录当天的气候情况及气色灾变)，为备故也”[2]。这里观台应是指观测天象气象的地方。

先秦天文气象机构，据《史记》记载“昔之传天数者：高辛之前，重、黎；于唐、虞，羲、和；有夏，昆吾；殷商，巫咸；周室，史佚、苌弘；于宋，子韦；郑则裨灶；在齐，甘公；楚，唐昧；赵，尹皋；魏，石申”[3]。

秦汉时，据《后汉书·志第二十五·百官》记载："太史令一人，掌天时、星历，明堂及灵台丞各一人，掌守明堂、灵台。灵台掌候日月星气，皆属太史。"从这些记载中，可以肯定古代很早就设立有气象机构。但是，这种气象机构既不是现代意义上的天文台，也不是现代意义上的气象观测台，而是天文天气观象台，而且还承担占星、占气预测。

在近代科学产生之前，中国古代天文和气象具有密不可分关系，观日月天象，测量日影决不只是一个天文问题，更是一个掌握天时、季节变化和天文对气候影响的问题，观星象位置也可以掌握四时。反过来，不同的气候和天气变化也会影响到天文观测。但是，对中国古代天文气象机构的认识，不能用今天的概念进行理解，在古代天文气象机构是国家重要政治组织，天文气象机构由国家设立，是国家机构的一个组成部门，供职官员由朝廷任命。它的主要职能是为政治服务，即利用通天星占之学通过预测为政治活动谋划，同时为择吉服务编修历法，二者相辅相成[4]。如汉代置太史令，掌天时、星历；凡岁将终，奏新年历；凡国祭祀、丧、娶之事，掌奏良日及时节禁忌；凡国有瑞应、灾异，掌记之；下设有掌守明堂、灵台官职，由灵台掌候日月星气，自汉以后历代一直沿承。显然，古代天文气象机构也不是今天天文气象机构职能的简单相加，可能还包括对病虫、瘟疫、地震、水文、奇异物候等灾异的收集与记载。

从今天的视角研究古代国家太史令官职所属机构，无论冠以古代天文机构，还是古代气象机构，甚或天文气象机构可能都不完全确切，据其所从事工作的内容分析，一是观象，即观星象、天象、地象、气象、物象和灾异象；二是记录各种观察的现象；三是造历；四是天象、地象、气象、物象和人事进行预测或占象；五是研制各种观象工具。在近代科学发展之后，天文学、气象学、地震学逐步发展成为一门独立学科，相应的学科研究和工作部门也逐步独立，但各学科在研究自己的科技史时都把古代混合的天文气象地震气象机构作为自己的源头。因此，今天讲古代天文机构、古代气象机构应是古代的同一个观象机构。本章介绍古代气象机构也基于这种取义。

二、古代气象机构沿承

中国古代设立天文气象机构十分悠久，相传黄帝时代就设有灵台，占观星占候。在国家制度产生以后，中国古代天文气象机构就是一个带有浓厚政治色彩机构，是体现最高统治者精神一个组成部分。因此，历代统治者都非常重视气象机构设置，并设有观象台，任命有观象和占测官员，以改善历法、掌握季节，指导祭祀、征伐和生产。观测天象、望云占雨，以掌握季节和农时，成为重要的国家事务。

根据河南安阳殷墟出土的商代甲骨文资料分析，进入文字时代的气象记录非常丰富，当时已经有专门机构和人员从事观象记录和占卜。在周以前，于唐、虞，设有羲、和；夏，设有昆吾；殷商，设巫咸。在西周、春秋时设有太史职位，在朝廷中具有很高的地位，其中一项重要职能就是兼管典籍、观象、历法、祭祀等。秦汉时期设有太史令，汉代司马迁、张衡均担任过太史令[5]。其后历代都设立有天文气象机构，魏晋南北朝设有太史局和太史，隋置太史曹，唐置机构先后更名为太史局、浑天监、浑仪监、司天台，并先后设太史局令、浑天监、太史监、司天台监官职，宋置先后更名为司天监、太史局、天文院，设司天监、太史局令官职，元置司天监、回回司天监、太史院，设提点、司天监、太史院史字职，明设钦天监、太史令和监正，清置钦天监（详见下表）。

中国古代气象机构沿承一览表

气象机构名称	最高官职	观象机构名称	朝代
	昆吾	清台	夏代
太史寮	巫咸	神台	商代
太史寮	太宰	灵台（天子） 观台（诸侯）	周代 春秋
太史令	太史		秦代

续表

气象机构名称	最高官职	观象机构名称	朝代
太史公 太史令	太史令	灵台	汉代
太史局	太史	灵台	魏晋南北朝
太史曹 太史监	太史令	灵台	隋代
太史局(监) 司天台	太史令(监) 大监	灵台 司天台	唐代
司天监 太史局	司天监 太史令	司天台(北宋称岳台、南宋称清台)	北宋、南宋
太史院 司天台	院使 司天监	司天台	元
钦天监	监正	观象台	明
钦天监	监正	观象台	清

中国古代观象的场所名称较多,如灵台 、观台、瞻星台 、司天台 、观星台、观象台等。现今保存较好完好的有河南登封观星台和北京古观象台,考古发现了多处古代观象遗址,其中陶寺城址中的观象台为迄今发现的世界上最早的观象台。

三、古代观象人才来源

古代天文气象机构是一个非常神圣的国家机构,其观象占测分析足以影响朝政,观象预测知识又十分专业。因此,古代非常重视吸收和培养天文气象人才。古代天文气象机构人才来源主要有以下途径。

第一,世袭。家族历代相承,为朝廷效力,这是古代最主要天文气象人才来源渠道。夏、商是我国奴隶社会的建立和初步发展时期。据《礼记·礼运篇》记载,当时诸侯传位和官吏任用,均是“大人世及以为礼”,即实行世官制,当时天文气象机构官职无疑也为世袭。汉代以后,官职世袭制度虽然发生了重大变化,逐步实行了察举制，但由于天文气象人才需要专业知识，天文气象人员的后辈受其前辈影响，就增加了承袭前辈职业的机会，如司马迁在公元前 108 年（元封三年）38 岁，为太史令，继父职任太史令[5]544，据司马迁《报任安书》说“仆赖先人绪业，得待罪辇毂下，二十余年矣”，其意为我凭着先人遗留下来的余业，才能够在京城任职，到现在已二十多年了。晋代以后，对天文气象人才习学要求非常严格，钦天监的人员永不许迁动，子孙只习学天文历算。如唐代瞿昙家族，共有五代十一人为天文气象官，南北朝时期的祖冲之和祖恒父子。《大明会典》中有规定（诏钦天监）“人员永不许迁动，子孙只习学天文历算，不许习他业；其不习学者发南海充军” 据《明史官职志》也有记载：“监官毋得改他官，子孙毋得徙他业。乏人，则移礼部访取而试用焉。”

第二，选拔。根据汉代文献记载，实行察举也是天文气象人才来源的渠道之一，汉代察举制，始于汉文帝十五年，据《汉书·文帝纪》记载：“诏诸侯王、公卿、郡守举贤良能直言极谏者，上亲策之”。察举形成比较规范的制度，则在汉武帝时期，《汉书·文帝纪》记载，汉武帝时下诏规定：“令二千石举孝廉，所以化元元，移风易俗也。不举孝，不奉诏，当以不敬论”。汉代君主受董仲舒等“天人感应”学说的影响，深信阴阳灾异与国家治乱安危有密切联系，当阴阳错谬、风雨不调、社会动乱之际，皇帝就下诏举荐通晓阴阳灾异之士，以便调和阴阳、安顿民心。在汉代察举诸科中设有阴阳灾异科，时称特科或特举。据《汉书元帝纪》和《后汉书·安帝纪》记载，汉元帝初元三年（公元前 46 年），因风雨不时，令丞相、御史举天下明阴阳灾异者各三人；孝安帝永初二年（公元 108 年），京师及郡国四十大水、大风、雨雹，是因为皇帝不德，造成万民饥馑，少数民族叛乱，特下诏，举明习阴阳等有识之士，并记载“有道术明习灾异阴阳之度璇机之数者”。至隋唐以后也设有选拔制度，据《唐六典》记载：“历生……隋氏置掌习历。皇朝因之，同流外，八考入流”。据《金史·选举志》记载：“凡司天台学生，女直二十六人，汉人五十人，听官民家年十五以上，三十以下试补。又三年一次，选草泽人试补”。

第三，前朝沿用。这种情况多发生在改朝换代时，国家天文气象机构的人才往往会被新朝征用。如据《明史》记载：“洪武元年改院为司天监，又置回回司天监。诏徵元太史院使张佑、回回司天太监黑的儿等共十四人，寻召回回司天台官郑阿里等十一有至京，议历法。”

第四，民间强征。这是古代天文气象人才来源的补充渠道，据《宋史》记载太宗时开宝九年“命诸州大索知天文术数人送阙下，匿者论死”，太平兴国二年“十二月丁巳朔，试诸州所送天文术士，隶司天台，无取者黥配海岛”。据《续资治通鉴长编》卷十八记载：“诸道所送知天文相术等人凡三百五十有一，十二月丁巳朔，诏以六十有八人隶司天台，余悉鲸面流海岛”。《宋史·天文志一》记载，“太宗之世，召天下伎术有能明天文者，试隶司天台；匿不以闻者幻罪论死。既而张思训、韩显符辈以推步进。其后学士大夫如沈括之议，苏颂之作，亦皆底于幻眇。”古代民间私习天文气象为官方输送了一些天文气象人才，如唐代僧一行、宋代沈括、元代郭守敬等。

古代用法律禁止私习天文气象可能始于西晋。西晋时玄学泛滥，社会上充斥着不可知论，由于玄学与天文气象结合，可能对统治秩序造成威胁。因此，西晋时禁止民间私习天文气象，据《晋书·武帝纪》记载，西晋泰始三年，下诏“禁星气，谶纬之学。”《隋书·经籍志一》：“炀帝 即位，乃发使四出，搜天下书籍与谶纬相涉者，皆焚之，为吏所纠者至死。”《唐律疏议》记载：“诸玄象器物、天文图书，……私家不得有，违者徒二年。私习天文者亦同”。《大明会典(卷二二三)》记载，洪武六年诏，钦天监“人员永不许迁动，子孙只习学天文历算，不许习他业；其不习学者发南海充军”。唐朝是封建统治的顶峰，其对私习天文的禁止也达到最高潮。“诸玄象器物，天文图书，谶书，兵书，七曜历，太一，雷公式，私家不得有，违者徒二年。若将传用，言涉不顺者，自从造‘袄言’之法。‘私习天文者’，谓非自有图书，转相习学者，亦得二年徒坐。纬，候及谶者,'五经纬','尚书中侯','论语谶',并不在禁限。"(摘自《唐律疏议》卷九"私习天文")"诸造袄书及袄言者,绞。"(摘自《唐律疏议》卷十八"袄书袄言")

同时,天文气象人员的职责,按其官职大小划分是非常明确的,越权将受到严厉的制裁。如《唐六典》记载:"太史令观察天文,稽定历数。凡日月星辰之变,风云令色之异,卒其属而占候焉。其属有司历,灵台郎,挈壶正。凡玄象器物,天文图书,苟非所任,不得与焉。(观生不得读占书,所见征详灾异,密封闻奏,漏泄有刑)。每季录所见灾祥送门下、中书省入起居注,岁终总录,封送史馆。"即高级天文气象官员(太史令,司历,灵台郎,挈壶正等)可以根据天象占卜吉凶,而低级的官员(观生)只能秘密禀告上司,不得读星占的书籍,也不得对天象作出判断。

第二节　先秦时期气象机构

中国天文气象机构设立起源于先秦时期,但由于历史久远,现存史料文献较少,特别在商代以前,由于没有文字记载,留传下来的一些史料都是后人根据传说记载。如《史记·历书·索隐》记载:"黄帝使羲和占日,常仪占月,臾区占星气,伶伦造律吕","黄帝考定星历,建立五行,起消息,正闰馀,于是有天地神祇物类之官,是谓五官。各司其序,不相乱也"[3]174。这说明天文天气观象在原始社会末期就有专门的分工,随着国家制度的产生,天文气象观象活动逐步演变为国家机构的组成部分。

一、夏商气象机构

夏代是中国从原始社会进入国家制度的第一个朝代,传流至今的文献很少,但从很少的文献中,也可以发现夏代已设立天文气象机构的记载。据《尚书·胤征》记载:"羲和颠覆厥德,沈乱于酒,畔官离次,俶扰天纪,遐弃厥司,乃季秋月朔","羲和尸厥官罔闻知,昏迷于天象”,即羲和行为颠倒,沉醉于酒,背离职守搞乱了日月星辰的运行历程,放弃了其所司职。秋月的朔日,日月不会合于房,出现日食,羲和对天象昏迷无知。据《史记·夏本纪》记载:“帝中康时,羲、和湎淫,废时乱日”[3]13,其集解孔安国曰:“羲氏,和氏,掌天地四时之官。太康之后,沈湎于酒,废天时,乱甲乙也。”这说明中国在夏代设立有天文气象机构,由羲和掌天地四时。

夏代天文气象机构官职,鲜有文献记载,但从《尚书》和《史记》记载,夏设有羲和官职,这说明夏代可能还是保留了上古时期天文气象分工称谓。据《史记· 五帝本纪》记载,帝尧时期,“乃命羲、和,敬顺昊天,数法日月星辰,敬授民时”[3]3,其集解孔安国曰:“重黎之后,羲氏、和氏世掌天地之官。”正义吕刑传云:“重即羲,黎即和,虽别为氏族,而出自重黎也”。由此,也可以说明当时的天文气象机构多由世袭专业人员,如羲、和、重、黎等充任[6]。

商代已进入半信史时代,商代遗存的甲骨文记录了大量商人占卜活动情况,大约有四千多个单字,中国历史开始由传说时代进入半信史时代。商代天文气象活动出现了有文字记录的机构,即有太史寮的文字记载,据罗振玉《殷墟书契前编》所收甲骨卜辞中就有“太史寮”之名,在西周《毛公鼎》中也有“太史寮”官署称谓。太史寮主要掌管册命、制禄、图籍、记录历史、祭祀、占卜、礼制、时令、天文、历法等,观天文气象和占卜只是其中一项职能。

商代承担宗教文化官职主要有巫、多卜、占、作册,巫是最高的官,地位高的可参与占卜命龟,地位低的参与巫术祈雨降神活动;多卜、占属于负责占卜的专职人员;作册是史记官。“巫”作为最高宗教官,对占卜“天象”与“气象”的大凶大吉自然要掌握;“多卜、占”在占卜活动中也占卜天象和气象;作册,负责对气象情况进行记录。“卿士”是政务官,在商代有时“卿士也有兼管祭祀、占卜、历法、军事的情况”[7]。商代对气象的卜事范围非常广泛,不仅贞卜短期内的晴、雨、风、雷、雹,而且非常重视贞旬、卜旬(询问和占卜10天气象预报)。

二、周代气象机构

远古先民在长期生活和占卜的实践中感悟出的理性思维和形象思维互相串联、互相渗透，至西周萌生的阴阳思想，对中国古代天文气象研究的发展有着重要影响，天文气象机构沿承有了一些新的发展。据历史文献，周代的天文气象机构设置、官职和职能有比较明确的记载。

周代承袭商制，管理天文气象机构属太史僚，从事天文气象观测的地方叫灵台。周代从事与观天候气和需要掌握天文气象知识的官员很多，太宰总揽朝政、太宗掌祭祠礼仪、太史掌历法记事、太祝掌祈祷、太士掌神事、太卜掌占卜，所有六卿都会关心天文、气象、占星、占候之事，但掌管天文气象机构属太史。

根据《周礼》记载，周代官职分工很细，大宗伯之职责很多，其中有一项职事就是“掌建邦之天神、人鬼、地示之礼，以辅佐王建立和安定天下各国。以吉礼事邦国之鬼神示，以禋祀祀昊天上帝，以实柴祀日、月、星、辰，以槱祀司中、司命、风师、雨师。”

据《周礼·春官宗伯》记载，大宗伯有下属太史，太史有僚属保章氏和冯相氏。保章氏，其官署有“中士二人、下士四人，府二、史四人，徒八人。”保章氏的职能有“掌天星，以志星辰、日月之变动，以观天下之迁，辨其吉凶。以星土辨九州之地，所封封域皆有分星，以观妖祥。以十有二岁之相，观天下之妖祥。以五云之物辨吉凶、水旱降、丰荒之祲象。以十有二风，察天地之和、命乖别之妖祥。凡此五物者，以诏救政，访序事”[1]58。如果翻译为现代汉语，其大意义为由保章氏掌管观测天上的星象，记录星、辰、日、月的变化，并以此来观观察天下的变化，辨别和预测天下是凶是吉？根据星宿的分野来辨别九州的地域，对所分封国家的界域都有其分星，通过观察分星来观察预测各国的妖祸与吉祥。根据一年十二个月岁的星象，来观察预测天下的妖祸与吉祥。根据五种云色云象云气，来辨别能够预兆吉凶和水旱所降以及年成丰歉的阴阳相犯的气象。根据一年十二个月的风,来观察天地之气是否和顺与反常,以预测妖祸与吉祥。凡以上所述五种占验,用以告教王政补救失误,使有条理地好所应做的事项。

冯相氏,其官署有“中士二人、下士四人,府二人、史四人,徒八人”。冯相氏的职责有“掌十有二岁、十有二月、十有二辰、十日、二十有八星之位,辨其叙事,以会天位。冬夏致日,春秋致月,以辨四时之叙”[1]58。即由冯相氏负责观测十二年绕天一周的太岁、十二次盈亏的月亮、斗柄所指的十二辰、一旬的十天、二十八宿的位置,辨别和排列历事。测度冬至、夏至日影的短长,测度春分、秋分月影的短长,据以辨别四季代序。据《毛诗正义》记载:“其实冯相、保章之所观者,亦在灵台也”。

大宗伯下属还有太卜,大卜掌管对于三类兆象的占卜法:一是玉兆,二是瓦兆,三是原兆。它们基本的兆象之体,都有一百二十种,其中有是否下雨兆象的占卜,由太卜所属的视祲掌管观察十种日旁气晕之法,以观察善恶,辨别吉凶,据《周礼·春官宗伯》记载,视祲有中士二人,史二人,徒四人。

据《毛诗正义》记载,周代“天子有灵台以观天文,有时台以观四时施化,有囿台观鸟兽鱼鳖。诸侯当有时台、囿台。诸侯卑,不得观天文,无灵台。至春秋战国时,由于社会动荡,战乱频繁,诸侯不建灵台例制被打破,不少诸侯国也建有灵台。

第三节　秦汉至明清气象机构

秦、汉以来,中国古代气象机构一直得到延续,并不断加强。秦汉至南北朝时期,以太史令掌天象历法,唐代设太史局,后又改司天台。宋、元设有司天监,与太史局、太史院是平行并置的机构。元朝还设有回回司天监,明、清则改名为钦天监。

一、秦汉至南北朝气象机构

秦代存在的时间较短,直接记载有关秦代国家天文气象机构活动的史料较少,但从有文献分析,依然有理由认为秦代设天文气象机构,如唐《通典·官职》记载:“周时曰宗伯,为春官,掌邦礼,秦改曰奉常”,“周官太卜掌三兆之法,秦汉有太卜令”。《通典·官职》还记有:“周官太史掌建邦之六典,正岁年以序事,颁告朔于邦国。秦为太史令。”《汉书·百官公卿表》云:“奉常,秦官,掌宗庙礼仪,有丞。”从以上这些记载中可以得知,秦代承袭周代天文气象机构设有太史机构,周代宗伯管理天文气象职能和太卜之事,在秦代改由奉常和太卜履职,奉常职掌宗庙祭祀礼仪,太史掌天时星象,兼司记事;太卜,掌卜筮,这些属官都设有令、丞。现存上天台遗址是秦阿房宫殿祭祀天神的建筑物,有的专家认为可能就是秦朝观察天象的建筑基础,遗留建筑高约 20 米,周长约 310 米[8]。这从一侧面也反映秦代设立有天文气象机构。

汉代天文气象机构设置已经比较完整,分工专业化程度较高。据《西汉会要》记载,汉代设有九卿,其中由太常掌管祭祀、陵庙、文化,包括天文气象。太常属官有太史令,具体负责天文气象,其属下有大典星、治历、望气、望气佐等官员,负责天文气象工作[9]。汉代著名史学家司马迁和科学家张衡都曾任过太史令之官职。

汉代天文气象机构人员组成,据《后汉书·志第二十五·百官》记载:太史令一人,掌天时、星历,凡岁将终,奏新年历。凡国祭祀、丧、娶之事,掌奏良日及时节禁忌。凡国有瑞应、灾异,掌记之。明堂及灵台丞各一人,掌守明堂、灵台。灵台掌候日月星气,皆属太史。据《后汉书(唐)李贤等注》记载,汉代设“太史待诏三十七人,其六人治历,三人龟卜,三人庐宅,四人日时”,“灵台待诏四十一人,其十四人候星,二人候日,三人候风,十二人候气,三人候晷景,七人候钟律。一人舍人。”汉代有建章宫和灵台两处观天观象场所,前者为王者亲自观天场所,后者为天文气象专职人员观测处。

三国时期是继东汉的时代称号,为魏、蜀、吴三个国家鼎立时期,魏吴蜀沿袭汉制均设有太常,为九卿之一,位置三品,其属官有太史令,具体掌管天文气象。据《晋书·职官》记载,晋代设有“太常，有博士、协律校尉员，又统太学诸博士、祭酒及太史、太庙、太乐、鼓吹、陵等令，太史又别置灵台丞。”东晋咸康年间，有明确记载设有内外观象台，时称灵台，据《晋书》卷一零六记载：“置女太史于灵台，仰观灾祥，以考外太史之虚实”。

南北朝时期，天文气象机构设置，据《宋书·百官志》记载，当时设有“太史令，一人，丞一人。掌三辰时日祥瑞妖灾，岁终则奏新历”，“ 今之太史，则并周之太史、冯相、保章三职也”。据《通典》记载：“北齐曰太常寺，置卿及少卿、丞各一人，掌陵庙、群祀、礼乐、仪制、天文、术数、衣冠之属。”

二、隋唐气象机构

隋代天文气象机构，隋史记载分设外观象台和内观象台，外观象台由太史令统辖。据《隋书·百官志》记载：“秘书省，监、丞各一人。领著作、太史二曹。太史曹，置令、丞各二人，司历二人，监候四人。其历、天文、漏刻、视昆，各有博士及生员”。据《隋书·天文志》记载“炀帝又遣宫人四十人，就太史局，别诏袁充，教以星气，业成者进内，以参占验云”。据《通典》记载：“隋曰太史曹，置令、丞各二人，而属秘书省。炀帝又改曹为监，有令”，“隋置二人，炀帝减一人”。

隋代天文气象机构官职品级，据《明伦汇编官常典钦天监部》记载，隋代“太史令为从七品，太史局丞为正九品，太史监候、太史司历为从九品”。后来品级又有调整，据《隋书·百官志》记载：“炀帝即位，多所改革。改太史局为监，进令阶为从五品，又减丞为一人。置司辰师八人，增置监候为十人。其后又改监、少监为令、少令”。

唐代天文气象机构名称几经调整，太史局多次更名，曾用过浑天监、浑仪监、太史监、司天台等。据《通典·官职八》记载：“大唐初，改监为局，置令。龙朔二年，改太史局为秘书阁，改令为郎中，丞为秘书阁郎。咸亨初复旧。初属秘书省，久视元年，改为浑天监，不隶麟台，改令为监，置一人，其年又改为浑仪监。长安二年，复为太史局，又隶麟台，其监复为太史局令。景龙二年，复改局为监，而令名不易，不隶秘书。开元二年，复改令为监，改一员为少监。十四年，复为太史局，置令二人，复隶秘书。后又改局为监。乾元元年，又改其局为司天台，掌天文历数，风云气色，有异则密封以奏。其次小吏，有司历、保章正、灵台郎、挈壶正等，官各有差。”

唐代天文气象机构比较庞大，分工非常专业。据《旧唐书·职官志》记载：“太史令掌观察天文，稽定历数。凡日月星辰之变，风云气色之异，率其属而占候之。其属有司历二人，掌造历。保章正一人，掌教。历生四十一人。监候五人，掌候天文。观生九十人，掌昼夜司候天文气色。灵台郎二人，掌教习天文气色。天文生六十人。挈壶正二人。掌知漏刻。司辰七十人，漏刻典事二十二人，漏刻博士九人，漏刻生三百六十人，典钟一百一十二人，典鼓八十八人，楷书手二人，亭长、掌固各四人。”

据《旧唐书·职官志》又记载：“自乾元元年别置司天台。改置官吏，凡玄象器物、天文图书，苟非其任，不得预焉。每季录所见灾祥，送门下中书省，入起居注。岁终总录，封送史馆。每年预造来年历，颁于天下。五官正五员（正五品，乾元元年置五官，有春、夏、秋、冬、中五官之名），丞二员（正七品），主簿二员（正七品），定额直五人，五官灵台郎五员（正七品），五官保章正五员（正七品），五官司历五员（正八品），五官监候五员（正八品），五官挈壶正五员（正九品），五官司辰十五员（正九品），五官礼生十五人，五官楷书手五人，令史五人，漏刻博士二十人，典钟、典鼓三百五十人，天文观生九十人，天文生五十人，历生五十五人，漏生四十人，视品十人。（已上官吏，皆乾元元年随监司新置也。）”

唐代天文气象设置官职品级较高，据《新唐书·百官志》记载：“司天台监一人，正三品；少监二人，正四品上；丞一人，正六品上；主簿二人，正七品上；主事一人，正八品下。监掌察天文，稽历数。凡日月星辰、风云气色之异，率其属而占”。“春官、夏官、秋官、冬官、中官正，各一人，正五品上；副正各一人，正六品上”，“五官保章正二人，从七品上；五官监候三人，正八品下；五官司历二人，从八品上”,“ 五官灵台郎各一人,正七品下,五官挈壶正二人,正八品上;五官司辰八人,正九品上;漏刻博士六人,从九品下。”

唐以后的五代十国时期,均设有天文气象机构。

三、宋元气象机构

北宋、南宋均设立有司天台。其天文气象机构官职设置,据《宋史·官职志》记载:“太史局,掌测验天文,考定历法。凡日月、星辰、风云、气候、祥眚之事,日具所占以闻。岁颁历于天下,则预造进呈。祭祀、冠昏及大典礼,则选所用日。其官有令,有正,有春官、夏官、中官、秋官、冬官正,有丞,有直长,有灵台郎,有保章正。其判局及同判,则选五官正以上业优考深者充。保章正五年、直长至令十年一迁,惟灵台郎试中乃迁,而挈壶正无迁法。其别局有天文院、测验浑仪刻漏所,掌浑仪台昼夜测验辰象。钟鼓院,掌文德殿钟鼓楼刻漏进牌之事。印历所,掌雕印历书。南渡后,并同隶秘书省,长、贰、丞、郎轮季点检。”

宋代天文气象机构官职员额,据《宋史官·职志》记载,司天监设“监 、少监、丞、主簿、春官正、夏官正、中官正、秋官正、冬官正、灵台郎、保章正、挈壶正各一人。掌察天文祥异,钟鼓漏刻,写造历书,供诸坛祀察告神名版位画日。监及少监阙,则置判监事二人(以五官正充。)礼生四人,历生四人”。掌测验浑仪,同知算造三式。元丰官制行,罢司天监,立太史局,隶秘书省。

宋代天文气象机构官职品级,《宋史·官职志》记载:太史局为司天监,置大监正三品,少监正四品上,丞正六品上,寺簿正七品上,主事正八品下,五官正五品上,副正正六品,灵台郎正七品下,保章正从七品上,挈壶正八品上,五官监候正八品下,司历从八品上,司辰正九品上。

金朝设立有司天台,据《金史百官志》记载:“司天翰林官,旧制自从七品而下止五阶,至天眷定制,司天自从四品而下,立为十五阶:从四品上曰钦象大夫,中曰正仪大夫,下曰钦授大夫。正五品上曰灵宪大夫，中曰明时大夫，下曰颁朔大夫。从五品上曰云纪大夫，中曰协纪大夫，下曰保章大夫。正六品上曰纪和大夫，下曰司玄大夫。从六品上曰探赜郎，下曰授时郎。正七品上曰究微郎，下曰灵台郎。从七品上曰明纬郎，下曰候仪郎。正八品上曰推策郎，下曰司正郎。从八品上曰校景郎，下曰平秩郎。正九品上曰正纪郎，下曰挈壶郎。从九品上曰司历郎，下曰司辰郎”。

金朝司天台设有“提点，正五品。监，从五品。掌天文历数、风云气色，密以奏闻。少监，从六品。判官，从八品。教授，旧设二员，正大初省一员。系籍学生七十六人，汉人五十人，女直二十六人，试补长行。司天管勾，从九品。不限资考、员数，随科十人设一员，以艺业尤精者充。长行人五十人。未授职事者，试补管勾。天文科，女直、汉人各六人。算历科，八人。三式科，四人。测验科，八人。漏刻科，二十五人。”

元代在上都（今内蒙古正蓝旗境内）建立回回司天台，1276 年在大都（今北京）建立观象台，元代置有内灵台（观象台）。据《元史·百官志》记载：“太史院，秩正二品，掌天文历数之事。至元十五年，始立院，置太史令等官一员。至大元年，升从二品，设官十员。延祐三年，升正二品，设官十五员。后定置院使五员，正二品；同知二员，正三品；佥院二员，从三品；同佥二员，正四品；院判二员，正五品；经历一员，从五品；都事一员，从七品；管勾一员，从九品；令史三人，译史一人，知印二人，通事一人，宣使二人，典吏二人。”

春官正兼夏官正一员，正五品。秋官正兼冬官正中官正一员，正五品。保章正五员，正七品。保章副五员，正八品。掌历二员，正八品。腹里印历管勾一员，从九品。各省司历十二员，正九品。印历管勾二员，从九品。灵台郎一员，正七品。监候六员，从八品。副监候六员，正九品。星历生四十四员。挈壶正一员，从八品。司辰郎二员，正九品。灯漏直长一人。教授一员，从八品。学正一员，从九品。校书郎二员，正八品。

元代天文气象机构经过多次别名和调整，设立有司天监和回回司天监。据《元史·百官志》记载:“中统元年,因金人旧制,立司天台,设官属。至元八年,以上都承应阙官,增置行司天监。十五年,别置太史院,与台并立,颁历之政归院,学校之设隶台。二十三年,置行监。二十七年,又立行少监。”

元代司天监和回回司天监官职定员,据《元史·百官志》记载,司天监设“知事一员,令史二人,译史一人,通事兼知印一人。属官:提学二员,教授二员;学正二员,天文科管勾二员,算历科管勾二员,三式科管勾二员,测验科管勾二员,漏刻科管勾二员;阴阳管勾一员,押宿官二员,司辰官八员,天文生七十五人”。回回司天监设“提点一员,司天监三员,少监二员,监丞二员,品秩同上;知事一员,令史二员,通事兼知印一人,奏差一人。属官:教授一员,天文科管勾一员,算历科管勾一员,三式科管勾一员,测验科管勾一员,漏刻科管勾一员,阴阳人一十八人。”

元代天文气象机构官职品级,据《元史·百官志》记载:“司天监,秩正四品,掌凡历象之事。提点一员,正四品;司天监三员,正四品;少监五员,正五品;丞四员,正六品;提学、并从九品;学正、天文科管勾、算历科管勾、三式科管勾、测验科管勾、漏刻科管勾,并从九品。”“回回司天监,秩正四品,掌观象衍历。提点、司天监、少监、监丞、品秩同上”。

元代还设有散官,据《元史·百官志》记载:“司天散官一十四:钦象大夫(从三品)候仪郎(从六品),明时大夫 司正郎(正七品),颁朔大夫(以上正四品)平秩郎(从七品),保章大夫(从四品)正纪郎,司玄大夫(正五品)挈壶郎(以上正八品),授时郎(从五品)司历郎,灵台郎(正六品)司辰郎(以上从八品),右司天品秩一十四阶,自钦象至司辰,由从三品至从八品,其除授具前。”

四、明清气象机构

明代天文气象机构设置,洪武元年设置司天监,据《明史·官职志》记载, 明初,即置太史监,设太史令,通判太史监事,佥判太史监事，校事郎，五官正，灵台郎，保章正、副，挈壶正，掌历，管勾等官。“洪武元年，改太史院为司天监，设监令一人（正三品），少监二人（正四品），监丞一人（正六品），主簿一人（正七品），主事一人（正八品），五官正五人（正五品），五官副五人（正六品），灵台郎二人（正七品），保章正二人（从七品），监候三人（正八品），司辰八人（正九品），漏刻博士六人（从九品）。又置回回司天监，设监令一人（正四品），少监二人（正五品），监丞二人（正六品）”。征元回回司天监郑阿里等 14 人议历。

洪武三年，改司天监为钦天监，据《明史·官职志》记载，“监正一人(正五品)，监副二人(正六品)，其属，主簿厅，主簿一人(正八品)，春、夏、中、秋、冬官正各一人(正六品)，五官灵台郎八人(从七品)，后革四人。五官保章正二人(正八品)，后革一人。五官挈壶正二人(从八品)，后革一人。五官监候三人(正九品)，后革一人。五官司历二人(正九品)，五官司晨八人(从九品)，后革六人。漏刻博士六人(从九品)，后革五人。”

明代天文气象人员职责分工，据《明史·官职志》记载:“监正、副，掌察天文、定历数、占候、推步之事。凡日月、星辰、风云、气色，率其属而测候焉。有变异，密疏以闻。凡习业分四科:曰天文，曰漏刻，曰回回，曰历。自五官正下至天文生、阴阳人，各分科肄业。五官正推历法，定四时。司历、监候佐之。灵台郎辨日月星辰之躔次、分野，以占候天文之变。观象台四面，面四天文生，轮司测候。保章正专志天文之变，定其吉凶之占。挈壶正知刻漏。漏刻博士定时以漏，换时以牌，报更以鼓，警晨昏以钟鼓。司晨佐之。”

清代设钦天监，分天文、时宪、漏刻、回回四科。时宪科掌推天行之度，验岁差，以均节气，制时宪书。天文科掌观天象，书云物禨祥;率天文生登观象台，凡晴雨、风雷、云霓、晕珥、流星、异星，汇录册簿，应奏者送监，密疏上闻。漏刻科掌调壶漏，测中星，审纬度;祭祀、朝会、营建，诹吉日，辨禁忌。天文生分隶三科，掌司观候、推算。阴阳生隶漏刻科，掌主谯楼、直更，监官以时考其术业而进退之。助教掌分教算学诸生。清代置设观象台，任有钦天监。

清代，《清史稿志九十》记载："钦天监管理监事王大臣一人。特简。监正，初制，满员四品。康熙六年升三品。九年，满、汉并定正五品。左、右监副，初制，五品。康熙六年升四品，九年定正六品。俱满、汉各一人。其属：主簿，正八品。满、汉各一人。时宪科五官正，从六品。满、蒙各二人，汉军一人。春官正、夏官正、中官正、秋官正、冬官正，并从六品。汉各一人。司书，正九品。汉一人。博士，从九品。满洲四人，蒙古二人，汉军一人，汉十有六人。天文科五官灵台郎，从七品。满洲二人，蒙古、汉军各一人，汉四人。监候，正九品。汉一人。博士，满洲四人，汉二人。漏刻科挈壶正，从八品。满、蒙各一人，汉二人。司晨，从九品。汉军一人，汉七人。笔帖式，满州十有一人，蒙古四人，汉军二人。天文生，食九品俸。满、蒙各十有六人，汉军八人，汉二十有四人。食粮天文生，汉五十有六人。食粮阴阳生，汉十人。并给九品冠带。助教一人，教习二人。"

天文气象机构人员分工，"监正掌治术数，典历象日月星辰，宿离不贷。岁终奏新历，送礼部颁行。监副佐之。时宪科掌推天行之度，验岁差以均节气，制时宪书，以国书、蒙文译布者，满、蒙五官正司之。推算日月交食、七政相距、冲退留伏、交宫同度，汉五官正司之。颁之四方。天文科掌观天象，书云物禨祥；率天文生登观象台，凡晴雨、风雷、云霓、晕珥、流星、异星，汇录册簿，应奏者送监，密疏上闻。漏刻科掌调壶漏，测中星，审纬度；祭祀、朝会、营建，诹吉日，辨禁忌。主簿掌章奏文移，簿籍员数。天文生分隶三科，掌司观候推算。阴阳生隶漏刻科，掌主谯楼直更，监官以时考其术业而进退之。助教掌分教算学诸生。"

《清史稿志九十》记载：顺治元年设钦天监，分天文、时宪、漏刻、回回四科，置监正、监副、五官正、保章正、挈壶正、灵台郎、监候、司晨、司书、博士、主簿等官,并汉人为之,行文具题隶礼部。是岁仲秋朔日食,以西人汤若望推算密合,大统、回回两法时刻俱差。令修时宪,领监务。十四年,省回回科,改其职隶秋官正,寻复旧制。十五年,定与礼部分析职掌。康熙二年,仍属礼部。明年,增置天文科满洲官五人,满员入监自此始。又明年,定满、汉监正各一人,左、右监副各二人,主簿各一人,满、蒙五官正各二人。省回回科博士仍隶秋官正。置汉军秋官正一人,春、夏、中、秋、冬五官正汉各一人。满洲灵台郎三人,乾隆四十七年改一人为蒙古员缺。汉军一人,汉四人。满洲挈壶正二人,乾隆四十七年改一人为蒙古员缺。汉二人。汉监候一人,保章正二人,正八品。十四年省。司书二人。十四年省一人。汉军司晨一人,汉一人。十四年省。满洲博士六人,乾隆四十七年改一人为蒙古员缺。汉军二人,汉三十有六人。寻省十四人,五年复置二人,通旧二十有四人。并定监官升转不离本署,积劳止加升衔,著为例。先是新安卫官生杨光先请诛邪教,镌若望职。至是以光先为监副,寻升监正,仍用回回法。南怀仁具疏讼冤。八年,复罢光先,以南怀仁充汉监正,更名监修,用西法如初。雍正三年,实授西人戴进贤监正,去监修名。八年,增置西洋监副一人。

乾隆四年,置汉算学助教一人,隶国子监。十年,定监副以满、汉、西洋分用。十八年省满、汉各一人,增西洋二人,分左、右。四十四年,更命亲王领之。道光六年,仍定满、汉监正各一人,左、右监副各二人。时西人高拱宸等或归或没,本监已谙西法,遂止外人入官。光绪三十一年,改国子监助教始来隶。

钦天监是观察天象、推算节气、制定历法的机构。钦天监正,相当于国家天文台台长。由于历法关系农时,加上古人相信天象改变和人事变更直接对应,钦天监正的地位十分重要。

参考文献

[1] 陈戍国点校.周礼·仪礼·礼记.第页、第58页、第58页.长沙:岳麓书社.2006.
[2] 莫涤泉.左传文白对照.第102页.贵阳:广西民族出版.1996.
[3] [汉]司马迁.史记第202页、第174页、第13页、第3页.长沙:岳麓书社.1997.
[4] 江晓原.天学真原.第215页.沈阳:辽宁教育出版社.1997.
[5] 梁隆炜.中国通史.第606页、第544页.北京:中国档案出版社.1999.
[6] 温克刚.气象卷.第9页.北京:红旗出版社.1999.
[7] 祝马鑫.中国行政史.第31页.高等教育出版社.1994.
[8] 干春松.中国传统文化百科全书.第363页.经济科学出版社.2008.
[9] 温克刚.中国气象史.第141页. 北京:气象出版社.2004.

第八章　古代气象著述代表人物

中国文明发展史上，有许多杰出的思想家和科学家，他们不仅创造了灿烂的古代思想和科学文化，而且对自然气象产生了许多具有科学价值的认识，为丰富中国古代气象科学文化做出了重大贡献。

第一节　先秦时期

先秦是中国古代气象科学的起步阶段，由于经济社会发展先民已积累有比较丰富的测天经验，基本掌握了各月气候、物候特征，并开始重视气象知识在农业、军事、医疗等领域的应用，特别进入周代以后，涌现出许多在观象测天具有代表性著述和人物。

一、西周气象代表人物

吕尚（约公元前 1139—前 1010 年），祖姓姜，其先人封于吕（今河南南阳市西），又以吕为氏，故称吕尚，名太公，字子牙，史书称太公望。传为炎帝之后，东海上人[1]。周代开国功臣，是传说史之后有文献可考的第一个军事气象大家，据《史记》记载，武王将伐纣，卜，龟兆不吉，风雨暴至。群公尽惧，唯太公彊之劝武王，武王于是遂行。十一年正月甲子，誓于牧野，伐商纣，纣师败绩。他著有兵书《六韬》，强调常规战法、特殊战术都离不开气象条件，军事统帅和指挥要充分利用气象环境和天气变化。他的军事气象思想给后世以深刻影响。

吕尚总结创编形成了三十节气系统，即太公古法，流行于姜姓齐、薛等国，后来逐步发展演变至汉代形成了完备的二十四节气系统。太公古法收录保存于《管子·幼官》之中三十节气系统，是公元前 11 世纪吕望的创造[2]。《幼官》中的三十节气系统，春秋两季各 8 节、两季各 96 天，冬夏两季各 7 节、两季各 84 天，每个节气 12 天。这套节气系统中渊源古老，含有神农后裔，姜姓氏族的遗迹，春秋时代主要流行于姜姓的齐、薛等国。三十节气系统为秦汉时代二十四节气定型起到先导作用。

依照《幼官》原文，春季的八个节气依次为：地气发、小卯、天气下、义气至、清明、始卯、中卯、下卯。春季的四个卯与秋季相同，有研究认为，春季的"卯"应该是"卵"，在地气发后，小卵是说虫蛾之类产卵孵化；清明后的始卵、中卵、下卵，说的是各种鸟类、龟蛇类扁毛动物产卵。夏季的七个节气依次为：小郢、绝气下、中郢、中绝、小暑至、中暑、大暑终。郢即盈，一说盈为满，指白昼时间增长。小郢即后来的小满，小满时白昼时间已日渐增长。秋季的八个节气依次为：期风至、小卯、白露下、复理、始节、始卯、中卯、下卯。期风，一说指为凉风至。卯为金刀，动刀镰收割，或为秋刑大劈。复理，理为法官之事。割禾、伐木、杀人都是秋天的事。这些自然物候和节气相对应。冬季的七个节气依次为：始寒、小榆、中寒、中榆、大寒、大寒之阴、大寒之终。榆通缩，指白昼时间缩短，五寒两榆概括了冬季气候。

二、春秋气象代表人物

管仲(公元前？　前 645 年)齐国宰相，又名夷吾，也称敬仲，齐国颍上(今安徽颍上县)人，史称管子，春秋时期法家先驱、政治人物。管仲的哲学思想，具有朴素的唯物论倾向，他认为"春夏秋冬，阴阳之推移也。他积累了关于黄河流域大中原地域的丰富气象知识，懂得天气气候对于农耕文明时期的重要性，他把气象知识应用于拓荒开垦、农业抗灾、土地开发和应用于军事征伐，提出了著名的"天时、地利、人和"的观点。他著有《管子》一书，大约成书于战国(前 475—前 221)时代至秦汉时期。刘向编定《管子》时共 86 篇，今本实存 76 篇，其馀 10 篇仅存目录。书中有大量气象、天文、历法、农业等科学知识，在科学史上弥足珍贵。

《管子》对气象的重要性有深刻认识,他认为:"天时不祥,则有水旱;地道不宜,则有饥馑;人道不顺,则有祸乱"[3],提出"天时、地利、人和"著名的政治军事观点,善于把气象条件用于军事征伐。如《管子·山权》中说:"天以时为权,地以财为权,人以力为校,君以令为权。失天之权,则人地之权亡"[3]471。意思是说,掌握不好天时,一切权都会丧失殆尽。《管子·五辅》中说:"所谓三度者何?曰:上度天之祥,下度地之宜,中度人之顺,此所谓三度。故曰:天时不祥,则有水旱;地道不宜,则有饥馑;人道不顺,则有祸乱。"《管子·度地》说:"水一害也,旱一害也,风雾雹霜谓一害也,厉一害也,虫一害也。此为五害。五害之属,水为最大。五害已除,人乃可治"[3]363。其中"厉"应是由气象条件引起的疾病,虫灾也多于气象条件相关,这些也就是今天称之为次生气象灾害。

《管子》对春夏秋冬四时气候与农事进行了总结。如《管子·度地》中说:"春三月,天地干燥,天气下、地气上,日夜分、分之后、夜日益短,昼日益长,利以作土功之事","夏三月,天地气壮,大暑至,万物荣华,利以疾耨杀草薉,使令不欲扰,命曰不长。不利作土功之事"[3]365。如果天气异常,"大寒、大暑、大风、大雨甚,至不时者,此谓四刑。"四刑就是风雨寒暑太甚,不按季节出现,不按正常规律出现,这会引发五大气象灾害降临人间。

《管子》中有首创旱涝指标,规定旱涝等级的记载。如《管子·乘马》为灾情减税而制定有一套气象条件指标,具体指标是:"秋曰大稽,举民数得亡。一仞(古代 1 仞=8 尺,1 尺=19.91 厘米。)见水不大潦,五尺见水不大旱。"(俞樾《诸子平议》)认为应是"一仞见水不大旱,五尺见水不大潦"。这里说的是地下水位,用地下水位确定旱涝的程度,与今天的旱涝农业气象指标比已经相当科学。

三、战国气象代表人物

吕不韦(前 292 年—前 235 年),姜姓,吕氏,名不韦,卫国濮阳(今河南省安阳市滑县)人。战国末年著名商人、政治家、思想家,官至秦国丞相。他主持编纂《吕氏春秋》(又名《吕览》),有八览、六论、十二纪共20余万言,成书于秦始皇统一中国前夕。在先秦诸子著作中,《吕氏春秋》被列为杂家,其实,这个"杂"不是杂乱无章,而是兼收并蓄,博采众家之长,用自己的主导思想将其贯穿。这部书以黄老思想为中心,"兼儒墨,合名法",提倡在君主集权下实行无为而治,顺其自然,无为而无不为。

《吕氏春秋·十二纪》按春夏秋冬十二个月分为十二纪,如春分三纪,孟春、仲春、季春。每纪包括五篇文章,总共60篇。月令内容为战国阴阳家所作,吕不韦编《吕氏春秋》时,将全文收录,作为全书之纲,并成为全书的重要部分,分为《春纪》、《夏纪》、《秋纪》、《冬纪》,十二纪中每一纪的首篇,都记述当月太阳星辰的位置,以及根据自然界物候特征而制定的节气、农业生产事宜、太阳的运行状况等,对于研究古代天文学、物候学、历法等都具有重要参考价值。

十二纪中正常与异常气候现象表

四季		月份	正常气候	异常气候预测
春	孟春	1月	东风解冻。蛰虫始振。鱼上冰。獭祭鱼。候雁北。	行夏令:风雨不时,草木早槁 行秋令:疾风暴雨数至,藜莠蓬蒿并兴 行冬令:则水潦为败,霜雪大挚,首种不入
	仲春	2月	始雨水。桃李华。苍庚鸣。雷乃发声,始电。	行秋令:其国大水,寒气总至 行冬令:阳气不胜,麦乃不熟 行夏令:暖气早来,虫螟为害
	季春	3月	桐始华。虹始见。萍始生。时雨将降。甘雨至三旬	行冬令:寒气时发,草木皆肃 行夏令:时雨不降,山陵不收 行秋令:天多沈阴,淫雨早降
夏	孟夏	4月	蝼蝈鸣。丘蚓出。甘雨至三旬	行秋令:苦雨数来,五谷不滋 行冬令:草木早枯,后乃大水 行春令,虫蝗为败,暴风来格
	仲夏	5月	螳螂生,贝鸟始鸣。鹿角解,蝉始鸣。	行冬令:雹霰伤谷 行春令:五谷晚熟 行秋令:草木零落
	季夏	6月	凉风始至。蟋蟀居宇。土润溽暑,大雨时行。甘雨三至。	行春令:谷实解落 行秋令:丘隰水潦 行冬令:寒气不时

续表

四季	月份		正常气候	异常气候预测
秋	孟秋	7月	凉风至。白露降。寒蝉鸣。	行冬令:阴气大胜,介虫败谷 行春令:其国乃旱,阳气复还 行夏令:寒热不节,民多疟疾
	仲秋	8月	凉风生。候鸟来。玄鸟归雷乃始收声。蛰虫俯户。杀气浸盛,阳气日衰。水始涸。	行春令:秋雨不降,草木生荣 行夏令:则其国旱,蛰也不藏 行冬令:风灾数起,收雷先行,草木早死
	季秋	9月	候雁来。菊有黄华。霜始降。草木黄落	行夏令:其国大水,冬藏殃败 行春令:暖风来至
冬	孟冬	10月	水始冰,地始冻。虹藏不见。	行春令:冻闭不密,地气发泄 行夏令:国多暴风,方冬不寒,蛰虫夏出 行秋令:雪霜不时
	仲冬	11月	冰益壮。地始坼。鹖鴠不鸣。虎始交。蚯蚓结。麋角解。水泉动。	行夏令:其国乃旱,气雾冥冥,雷乃发声。 行秋令:天时雨汁,瓜瓠不成,国。行春令:虫螟为败,水泉减竭
	季冬	12月	雁北乡。鹊始巢。冰方盛,水泽复。	行秋令:白露早降,介虫为妖 行夏令,水潦败国,时雪不降,冰冻消释

第二节　秦汉至明清

一、秦汉至南北朝气象代表人物

秦汉时期,中国古代气象科学有了较大发展,这一时期已经形成比较丰富的气象预测经验,也出现了大量气象占测书籍,人们对气象原理形成了一些科学认识,产生了许多代表性气象人物和观象测天著述,汉代观象预测文献,据《汉书艺文志》记载:有《泰壹杂子星》二十八卷、《五残杂变星》二十一卷。《黄帝杂子气》三十三篇。《常从日月星气》二十一卷。《皇公杂子星》二十二卷。《淮南杂子星》十九卷。《泰壹杂子云雨》三十四卷。《国章观霓云雨》三十四卷。《汉日旁气行事占验》三卷。《汉日旁气行占验》十三卷。

《汉日食月晕杂变行事占验》十三卷。《海中日月彗虹杂占》十八卷。汉代气象预测成果为魏晋南北朝气象预测学发展奠定了基础。

1. 刘安与《淮南子》。刘安(前179—前122),西汉皇族,淮南王。他"招致宾客方术之士数千人",集体编写了《淮南子》)一书,后称该书为《淮南鸿烈》,共有"内书"21篇、"外书"33篇和"中书"8篇,全书以道家思想为主轴,内容包罗万象,但流传至今的仅剩"内书"21篇,其中在《天文训》篇中,出现了中国历史上最早最完整的关于二十四节气的记载,二十四节气之名一直沿用至今。在《时则训》中有各月星象、气候、物候和农事特征等比较系统的记载。

四时气候的变化直接影响人体而形成疾病,《淮南子》对气候与人体健康也有一些总结,如《时则训》记有:"孟春之月,……行秋令则民病大疫。""季春行夏令则民多疾疫";"孟秋行夏令,……民多疟疾。……季秋行夏令,……民多鼽窒。"上文明示,非其时气,其气不和则导致人体疾病的发生。同时告诫人们:人体必须顺应四时,适应自然界季节气候的变化,才能在宇宙间健康生存,正如《本经训》所言:"四时者,春生夏长,秋收冬藏,取予有节,出入有时"。

2. 董仲舒与《董子文集》。董仲舒(公元前179—前104年),西汉广川郡(今河北景县广川镇大董古庄)人,汉代思想家、哲学家、经学大师[4]。他系统地提出了"天人感应"、"大一统"学说。他认为,"道之大原出于天",自然、人事都受制于天命。其哲学基础是"天人感应"学说。他认为天是至高无上的人格神,不仅创造了万物,也创造了人。因此,他认为天是有意志的,和人一样"有喜怒之气,哀乐之心"。人与天是相合的。这种"天人合一"的思想,继承了思孟学派和阴阳家邹衍的学说,而且将它发展得十分精致。

在观象测天方面著有《董子文集》,其中在《雨雹对》中,根据阴阳两气运动抑扬,解释风、雨、云、雾、雷、电、雪、雹的形成。认为冰雹是"阴气协阳气"造成的,用阴阳二气的推移、运动、切薄解释各种天气现象的产生，并对风的形成、雷电产生等天气现象及云雨形成的物理过程进行了阐述，他认为“寒有高下”，温度的垂直分布是不均匀的，因而引起雨、雪、雹、霰的差别。还用气流强弱对云滴并合过程的影响，解释到达地面的雨滴大小疏密现象。提出了雨滴大小疏密与风吹碰并雨滴的成度有关。

3. 司马迁与《史记·天官书》。司马迁（前 145 年一前 90 年），西汉夏阳（今陕西韩城南）人，一说龙门（今山西河津）人。中国西汉伟大的史学家、文学家、思想家，任太史令。他还是一位对天文星象和气象有很造诣的学家，从《史记》中的《天官书》、《律书》、《历书》可以得到充分证实。

《史记·天官书》中有大量记载气象的论述，如“云的分类”，即从云色划分，把云分为赤色、青色、黑色、白色、黄色等五类；从云状划分，把云分为稍云、阵云、杼云、轴云、杓云、钩云等六种，并提出了“诸此云见，以五色合占”的气象预测思想；认识到“ 雷电、霞光与飞虹、霹雳、夜明”形成的原因，即“阳气之动者也，春夏则发，秋冬则藏，故候者无不司之”；“ 或从正月旦比数雨。率日食一升，至七升而极；过之，不占。数至十二日，日直其月，占水旱”，“ 正月上甲，风从东方，宜蚕；风从西方，若旦黄云，恶” ，“冬至短极，县土炭，炭动，鹿解角，兰根出，泉水跃，略以知日至，要决晷景”[1]201。这里就明确介绍了当时利用正月初天气情况预测后期气候的方法和悬炭知天气的方法。

4. 落下闳与二十四节气。落下闳（前 156 年—前 87 年），中国西汉民间天文学家，活动在公元前 100 年前后，巴郡阆中（今四川阆中）人。汉武帝元封年间（公元前 110一前 104 年）为了改革历法，征聘天文学家，经同乡谯隆推荐，落下闳从故乡来到京城长安（今陕西西安）。据《史记》记载：“至今上即位，招致方士唐都，分其天部；而巴落下闳运算转历，然后日辰之度与夏正同。乃改元，更官号，封泰山”[1]175。这里明确记载由巴郡的落下闳运算制历，然后日辰星度得与夏历相同。落下闳是太初历的主要创立者之一，曾制造观测星象的浑天仪，创制“太初历”，又称“八十一分律历”，在天文学上有较大的影响，其在家乡阆中蟠龙山建立了我国最早的民间观星台。

落下闳是第一次将二十四节气纳入历法创始人之一，此一作法，奠定了春节的基础，同时也是遗惠千秋万代的创举。二十四节气是中国古代农业学的一大独特的创造，完整的记载于《淮南子·天文训》(公元前140年左右)，几千年来对中国的农牧业生产和人民生活起了极为重要的作用。

《汉书律历志》记载：“乃选治历邓平及长乐司马可、酒泉候宜君、侍郎尊及与民间治历者，凡二十余人，方士唐都、巴郡落下闳与焉。都分天部，而闳运算转历。”二十四节气进入历法贡献是将这个告诉人们太阳移到黄道上24个具有季节意义的位置的日期，首次编入《太初历》之中，并规定节气(即立春、惊蛰、二十四节气中是奇数项的气)可以在上月的下半月或本月的上半月出现；而中气(即雨水、春分、谷雨等，二十四节气中是偶数项的气)一定要在本月出现，如果遇到没有中气的月份，可以定为上月的闰月。在二十四个节气二十四节气中，位于奇数者，即冬至、大寒、雨水、春分、谷雨、小满、夏至、大暑、处暑、秋分、霜降、小雪，又叫做中气。凡阴历月中没有遇到中气的，其后应补一闰月。这种方法显然要比以前的年终置闰法更为合理。

《太初历》中，首次将二十四节气编入，与春种、秋收、夏忙、冬闲的农业节奏合拍，并制定了确定闰年的方法和以“雨水”这个节气所在的月份为正月、“以孟春正月为岁首”的历法制度。“孟春”是春季第一个月，以正月初一为一年第一天，称为“元旦”。二十四节气中的“立春”常会出现在春节前后。从此，中国人迎接新年与迎接春天真正吻合了。

5. 王充与《论衡》。王充(公元27—约96年)，会稽上虞(今浙江省上虞县)人[4]586，东汉思想家、哲学家。王充学识渊博，通晓百家学说，他所著的《论衡》内容丰富博杂，对往古与当时的一切思潮、学说加以衡量，评其是非真伪，定其轻重，攻击虚妄之说。凡他认为是虚妄的，无一不加以抨击。他对被神化了的儒学、有意志的天、目的论、道教神仙方术和种类繁多的世俗迷信进行了批判。批判的中心是从董仲舒到谶纬与《白虎通义》的神学体系，一切迷信，诸如符瑞、灾异、风水、卜筮、祭祀、厌胜、祈禳、解除、求雨、雷刑等等，无一能逃过他笔锋的扫荡。王充认为，宇宙的根本是"元气"，天地是元气的产物，即"天地，含气之自然也"，"天地合气，成物自生"，"天道自然，自然无为"；"春温夏暑，秋凉冬寒"是自然变化；"水旱之至，自有期节"，与君主的喜怒，政治的好坏无关。

《论衡》共八十五篇，其中不少篇章谈了气象和自然灾害问题。对风、云、雨、雪、露，雾、雷、电、"天雨谷"等气象现象及成因作了科学探讨。他认为"天地合气，万物自生"，"气"是自然界原始物质的基础，自然风雨都因"气"而生。对"天雨谷"、"龙登玄云(龙卷风)"等天气现象做了实地调查和科学的解释，批判了天气、气候(包括天气灾害)的迷信观点，他说"人不能以行感天，天亦不随行而应人"，如针对"天雨谷"有凶的论点，他用陈留雨谷的事实说明了"夫'天雨谷'者，草木叶烧飞而集之类也"，他认为雨谷是由地上被风卷到天空的如草木叶烧飞一般。他对各种天象、地象和气象都被解释为是自然现象，不存在有意志的创造者，不应神秘化。

王充认为，雷是一种火，因为被雷打死的人，头发胡子被烧焦，皮肤被烤煳，尸体上能嗅到火气。他进一步指出，打雷是一种自然现象，是阴阳二气互相碰撞、冲击而形成的。还打了个通俗的比方，像把一斗水倒在冶炼金属的火上能发出很大的响声和灼伤人体一样。"阳气为火猛"，发出的声音就更巨大，"中伤人身，安得不死"。王充强调，"雷之所击，多无过之人"，可见雷"妄击不罚过"。至于雷打死人，他指出，只是一种偶然事件，"人在木下屋间，偶中而死"。最后王充得出结论，说打雷是上天发怒，雷打死人是上天惩罚"阴过"的说法，是没有事实根据的"虚妄之言。"

6. 张衡(公元 78 年—139 年)，字平子，南阳西鄂(今河南南阳市石桥镇）人，中国东汉时期伟大的天文学家，为中国天文学、机械技术、地震学的发展做出了不可磨灭的贡献；在数学、地理、绘画和文学等方面，张衡也表现出了非凡的才能和广博的学识。张衡是东汉中期浑天说的代表人物之一，他指出月球本身并不发光，月光其实是日光的反射，他还正确地解释了月食的成因。他著有《灵宪》，阐述了天体演化的思想。

7. 其他气象著述代表人物

东方朔（前 154—前 93 年），字曼倩，西汉平原郡厌次（今山东省德州市陵县）人[4]540，汉武帝即位，征四方士人。东方朔上书自荐，诏拜为郎，后任常侍郎、太中大夫等职。据传著有《探春历记》（据考证，"探春"活动为南北朝时期，此书可能为南北朝时代人托东方朔名而作）[2]259，这是一部记录因立春节气所在甲子时日不同而四季不同物候的典籍，在占候方面可能是一部发轫之作，全书仅六十则文字，即以六十甲子为单元，记载于此日立春时一年四季中可能出现的不同物候，如有"甲子日立春，高田丰稔，水悬岸一尺；春雨如钱，夏雨均匀，秋雨连绵，冬雨高悬。丙子日立春，高乡丰稔，水过岸一尺；春雨多风，夏雨平田，秋雨如玉，冬雨连绵。戊子日立春，高乡丰稔，水过岸一尺，（别本云，水悬岸九寸）春雨连梅，夏雨寸岸，秋风不厚，冬雪难期"[2]259。书中没有言及人事凶吉之类的迷信内容，在当时政治、社会文化背景下实为难得。

京房（前 77—前 37 年），西汉学者，本姓李，字君明，东郡顿丘（今河南清丰西南）人，初元中举孝廉为郎。建昭二年出为魏郡太守。《旧唐书》记载，有《京氏周易飞候》六卷，《京氏周易四时候》四卷。从师于焦延寿，其人学说长于灾变，分六十四卦，更直日用事，以风雨寒温为候：各有占验，房用之尤精。

《易飞候》占候，据《太平御览 · 卷十》对其选录的内容有：(1)"凡候雨，有黑云如群羊，奔如飞鸟，五日必雨"；(2)又曰："凡候雨，以晦朔弦望，有苍黑云、细云如杼轴，蔽日月，五日必雨"；(3)"凡候雨，以晦朔弦望云汉，四塞者，皆当雨。东风曰雷雨，有黑云，气如覆船于日下，当雨。有黑云，气如牛彘，当雨暴。有异云如水牛，不出三日大雨。有黑云如群羊，奔如飞鸟，五日必雨，有云如浮船，皆为雨。北斗独有云，不出五日大雨。四望见青白云，名曰天塞之云，雨征也。有苍黑云，细如杼轴，蔽日月，五日必雨。云如两人提鼓持桴，皆为暴雨。”

崔寔(约公元 103—约 170 年) 东汉后期政论家。字子真，又名台，字元始，涿郡安平(今河北安平)人。曾任郎、五原太守等职他所著《四民月令》，反映的是东汉晚期一个拥有相当数量田产的世族地主庄园，一年十二个月的家庭事务的计划安排。所谓“四民”是指士、农、工、商，中国在春秋战国时就出现“四民分业论”；其中有按照时令气候，安排耕、种、收获粮食、油料、蔬菜。《四民月令·农家谚》现已失传，但在其他一些典籍中引录有其中的内容，如清代《古谣谚》录有《四民月令》：“二月昏，参星夕。杏花盛。桑椹赤”，“蜻蛉鸣，衣裘成。蟋蟀鸣，懒妇惊”，“河射角，堪夜作。犁星没，水生骨”。

管辂(公元 210—256 年)，三国时期魏国术士平原郡(今德州平原县人)，是历史上著名的术士，被后世卜卦观相的人奉为祖师。管辂一生著述甚丰，主要有《周易通灵诀》2 卷、《周易通灵要诀》1 卷、《占箕》1 卷。据《魏书》记载，辂别传曰：辂年八九岁，便喜仰视星辰，得人辄问其名，夜不肯寐。管辂预测天气的变化比较准确。有一次，清河郡境大旱，倪太守请管辂占雨期，以两百斤牛肉相赌。管辂说：“今晚就有雨。”当天烈日炎炎，在座的都不以为然。到半夜，星月都隐没了，风云并起，暴雨大作。于是，倪太守赶紧请管辂，辂以八卦解释说：“白天我见树上已有少女微风，树间又有阴鸟和鸣。又少男风起，众鸟和翔，故推测有雨。”

二、隋唐至五代气象代表人物

隋唐宋元时期也是我国古代气象观测预测学发展重要时期，出现了许多著名气象预测学家和气象预测学专著，对气象现象的科学认识也不断深化，对气象知识的应用普及更广泛。

1. 李淳风与《乙巳占》。李淳风（公元602—670年），岐州雍县（今陕西省凤翔县南）人，唐代天文学家、数学家。贞观初入太史局，十五年迁太史丞，二十二年升太史令。他著有《观象玩占》、《乙巳占》等，全面总结了唐贞观以前各派星占学说，经过综合之后，保留各派较一致的星占术，摈弃相互矛盾部分，建立了一套系统的星占体系，直接涉及气象的有日月旁气占、月晕占、气候占、云占、九土异气象占、候风法、相风占等内容，其他各占中也包括有气象内容，书中有大量言及人事凶吉之占，迷信内容较多，但对唐代和唐代以后的星占学产生了很大的影响。

《乙巳占》成书于贞观十九年（645），是年恰逢乙巳年，故名，共十卷。本书系将唐以前数十种星占书分类汇抄而成。在《乙巳占》中比较直接涉及气象的有日月旁气占、月晕占、气候占、云占、九土异气象占、候风法、相风占等内容，其他各占中也包括有气象内容，书中有大量言及人事凶吉之占，迷信内容较多。但也有一些可以值得探讨的内容，如《乙巳占·卷第八》《云占第五十二》有曰"黄云雾蔽北斗，明日雨。赤云掩北斗，明日大热杀人。白云掩北斗，不过三日雨。青云掩北斗，立雨；天下无云，晴；北斗上中下独有云，后五日大雨"。因此，研究《乙巳占》要注意剔除其糟粕，但也有一些可以值得探讨的内容。

《乙巳占》中对相风木乌构造有较详细说明，在观测研究和总结前人经验的基础上，李淳风把风向从8个方位进一步细分到24个，创制了八级风力标准，即一级动叶，二级鸣条，三级摇枝，四级堕叶，五级折小枝，六级折大枝，七级折木飞沙石，八级拔树及根，成为世界上第一个比较完整的风力等级划分表，比英国海军大校费郎西斯·蒲福提出的风力等级早1160年。

2. 瞿昙悉达与《开元占经》。瞿昙悉达生于唐高宗时代（公元七世纪下半叶），卒于唐玄宗年间（公元八世纪上半叶），唐代天文学家，官至太史监。祖籍印度，世居长安。据1977年在西安市长安县北田村发掘的瞿昙撰墓志铭，从而得知瞿昙家族（瞿昙悉达本人及其往上与往下两代）很可能在中国生活。约在开元二年（714）瞿昙悉达奉旨领导编纂《开元占经》，约历时十年完成了这部有120卷之多的巨著。是收集整理古代天文气象文献资料的一大成就。

《开元占经》全书共120卷，其中前二卷是集录中国古代汉族天文学家关于宇宙理论的论述；卷三至卷九集录了古代名家有关天体的状况、运动、各种天文现象等等方面的论述，以及有关的星占术文献；卷91至卷102集录了有关各种气象的星占术文献，第91卷到第102卷主要辑录了气象占，其中第91卷为《风占》，第92卷为《雨占》，从第93卷到97为《云气占》，第98卷为《虹霓占》，第101卷为《霜占》，第102卷为《雷占》。这些内容不仅为今天研究古代气象文化提供了丰富的资料，也为今天了解古代气象观测预测和气候情况提供了必要帮助。《开元占经》所辑录为前人占候典籍，内容非常广泛，内容不可避免有很多糟粕。

3. 黄子发与《相雨书》。黄子发，生卒年不详，唐代人，著有《相雨书》，是一部气象预测专著辑录，收集了唐以前的许多民间观测天气的经验。全书共有10篇，169条，其中候气篇30条，观云篇52条，察日月并星宿篇31条，会风篇4条，详声篇7条，推时篇12条，相草木虫鱼玉石篇14条，候雨止天晴篇7条，祷雨篇3条，祷晴篇9条。这种分类对后世影响较大，后来气象预报占验分类多以此为借鉴。该书收录的内容少为谚语，多为经过实际应用验证的指标。其预测预报天气的方法，既是对前人经验的总结，也为后人借鉴和参考。

《相雨书》也是我国最早的一部天气歌谚集，其气象预测方法，既是对前人经验的总结，也为后人借鉴和参考，至于预测预报天气的准确性可能在不同季节和不同地区会有很大差别。《相雨书》收集了的一些气象谚语，至今在全国各地还有流传。气象谚语一般都口语化，押韵上口，多用方言词语。从对《相雨书》观云篇分析，该著作的科学合理性应给予较高肯定,对后世影响较大。

三、宋元时期气象代表人物

宋元时期,由于经济社会发展的需要,气象知识应用有了一些新的发展,一些更的适用气象著作明显增加,尤其在民间的气象知识传播和应用则更为广泛。

1. 沈括与《梦溪笔谈》。沈括(1031—1095),杭州钱塘(今浙江杭州)人,北宋科学家,官至翰林学士。熙宁五年(公元 1072 年)提举司天监,对天象作了周密观测,绘图多幅;改造浑仪、浮漏、景表等仪器;他是用阴阳理论解释了天气变化的原因,并应用于制作久晴转雨的天气预报实践。他还是世界上最早根据南北各地古生物、动物、植物化石推断古气候变迁的古代科学家。

沈括所著《梦溪笔谈》全书共 30 卷,共 609 条,其中自然科学和技术内容约 200 条,内容非常广泛,其中气象的内容记述较多,涉及气象及节气历法的内容有 25 则,所记载的峨眉宝光、闪电、雷斧、虹、登洲海市、羊角旋风、竹化石、瓦霜作画、雹之形状、行舟之法、垂直气候带、天气预报等都属气象范围,其记载非常细致贴切而生动形象。《梦溪笔谈》在七卷中记载了一次成功地预测案例,即有一年,天气久旱,人们都盼望下雨,终于出现了一连几天的阴天,看来是要下雨了,可还是没有下雨,反而转为大晴天,太阳光很强烈。那天沈括正好去见宋神宗,宋神宗问他何时下雨?沈括回答说,明天就会下雨,当时许多人不相信。但到第二天,果然下了雨。这次所以会下雨,沈括提出了理由是:那时正是水汽充沛的季节,连日天阴,说明水汽已经很多了,但因风比较大,云比较多,所以未能成雨。后来突然云散天晴,阳光可以烤热地面,使水汽有了具备雨的条件,在第二天,水汽和地面热力作用共同发挥作用,必然会下雨。在《梦溪笔谈》中,还有沈括根据化石推断古代气候变化的记载,欧洲直到 18 世纪才有人提出类似见解。

2. 秦九韶与《数书九章》。秦九韶(公元 1202—1261),字道古，自称鲁郡人(今山东曲阜、兖州一带)，生于今四川安岳，南宋著名数学家、天文学家。他对于天文、算术、营造均有研究，著有《数书九章》。他最重要的数学成就有“大衍总数术”，即一次同余式解法与“正负开方术"(高次方程数值解法)，使这部宋代算经在中世纪世界数学史上占有突出的地位。书中所述“天池测雨、竹器验雪、圆罂测雨、峻积验雪”等降水量测量和计算问题，其理论和计算科学严密，是世界上最早的雨量观测科学理论。书中提到的天池盆，也成为世界上最早出现的雨量器记载。

3. 陈元靓与《岁时广记》。陈元靓，生卒年在南宋末年至元代初期，福建崇安人。他编纂的《岁时广记》，全书有四十二卷，以类书的方式记载了这一时期之前的岁时节日资料，博采宋代以前的时令典籍，对一些气象问题进行专题归纳，体例较为繁杂，但书中保存了一些其他典籍比较难见气象资料，如杏花雨、桃花水、凌解水、黄梅雨、送梅雨、落梅风、黄雀风等说法的来源。

《岁时广记》记载杏花雨：“《提要录》：杏花开时，正值清明前后，必有雨也，谓之杏花雨。古诗：沾衣欲湿杏花雨，吹面不寒杨柳风”；记载凌解水，“《水衡记》：黄河水，三月名凌解水”；记载桃花水，“《水衡记》：黄河水二、三月名桃花水”，“仲春之月，雨水始，桃花华”，还有条达风记载，即“立春条达风至”，花信风，即“江南自初春至初夏，五日一番风候。谓之花信风”，等等。这些记载进一步丰富了古代对中国地理气候的认识。

4. 王桢与《王桢农书》。王桢，生卒年在 1271—1330 年左右，字伯善，山东东平人，宋末元初农学家。元贞元年至大德四年(1295—1300)任旌德、永丰县尹，提倡种植桑、麻、棉等经济作物，改良农具，著《王桢农书》，现存三十六卷，由《农桑通诀》、《百谷谱》、《农器图谱》三部分组成，是一部文图并茂的书，有理论，有历史经验，很适用。

在《授时篇》中，首先全面论述了农业气候问题，结合时令绘制了《周岁农事》，为了便于掌握节气还绘有《授时之图》。王祯认为

"天时"是农业生产必须依赖的条件，人们虽然不能改变"天时"，但可以认识掌握"天时"，即"四季各有其务，12月各有所宜，先时而种，则失之太早而不生；后时而艺，则失之太晚而不成。"，强调务农之家有必须掌握节气，使"天时"、"天道"为人所用。为了适时掌握农时，他亲自绘制了《授时指掌活法之图》，指出各个节气的物候和农事应做的诸事项。在《地利篇》中，王祯提出农作物的种植要"因地制宜"，"九州之内，田各有等，土各有产，山川阻隔，风气不同，凡物之种，各有所宜。"他认为，南方作物如果条件适宜也可以在北方引种；作物可以逐渐改变习性而适应当地环境，在古代形成这种认识见解真为难能可贵。在《垦耕篇第四》中，还详细地叙述了南北方耕垦的特征，并指出"自北自南，习俗不同，曰垦曰耕，作事亦异"。

5. 娄元礼与《田家五行》。 娄元礼（元末明初），生卒年月不详，雪川（今浙江吴兴）人。中国元末明初学者，富有天气预报经验，编写《田家五行》一书，是最早的气象为农业服务的专书，一部系统性的天气谚语专集，收集了元代以前各地的民间测天经验。《田家五行》在我国古代气象科学史上有较高地位，收集了当时流行在太湖流域的韵语和非韵语的天气经验专集，其谚语在民间流传甚广，影响很大，有些天气谚语至今一些地方还在传播，如"月晕主风，日晕主雨"；"雨打五更，日晒水坑"等等。1975年，江苏省建湖县《田家五行》选释小组对该书进行部分选释，将原书五百多条，编译整合为天文、地理、草木、鸟兽、鳞虫、气候、杂物、三旬、月占等类，共九节85条，加以意释，并用现代气象学知识作了解释说明。1976年7月由中华书局出版。

《田家五行》，全书分上、中、下三卷，每卷分若干类，上卷为正月至十二月类，中卷为天文、地理、草木、鸟兽、鳞虫等类，下卷为三旬、六甲、气候类，具体包括有论日、论月、论星、论地、论山、论水、论草、论花、论木、论飞禽、论风、论雨、论云、论霞、论虹、论雷、论霜、论雪等等，用于预测气候和天气变化，以及年景预测，为后世同类著作开创了新的体例。书中指出了梅雨的规律，提到信风规律，包括二十四番花信风，霜降信、冬信等。书中记载用天象、物象来预测预报天气的农谚有140余条，关于长期预报的农谚有100余条。这些农谚从不同侧面揭示了天气、气候变化的一些规律，大都具有一定的科学性和准确性，如"东风急，穿蓑衣"，"春寒多雨水"等许多短期和长期预报农谚，用现代气象学来解读和检验，也是基本正确的。还有一些预测预报判断十分精湛，如"上风虽开，下风不散，主雨"，其意为上风方向云虽然已经散开，但下风方向云未消散，预兆将下雨。这是通过观察云的移动来判断高空气流的辐合情况，不仅观察得十分细致，在理论上也是正确的，在没有高空观测的古代，这应当是非常了不起的科学经验总结。

6. 其他著述人物

曾公亮(998—1078)，字明仲，号乐正，泉州晋江(今福建泉州市)人。北宋著名政治家、军事家。历官知县、知州，知府、知制诰、翰林学士、端明殿学士，参知政事，枢密使和同中书门下平章事等。曾公亮与丁度承旨编撰《武经总要》，为中国古代第一部官方编纂的军事科学百科全书，其中收录有气候占候的内容，占候篇主要包括有天占、地占、五行占、太阳占、太阴占、日辰占、云气占、气象杂占等，虽然有些可能为迷信内容，但是能够预测预报天气、气候的内容也混杂在其中，从中也可以领略到在不同天气条件下预测主方和客方的可能军事性行动，并有可能预测利用天气条件而知战争胜负。

张载(1020—1077)，字子厚，陕西眉县横渠镇人，北宋哲学家。36岁在京师汴梁讲《易学》，学者云集。38岁时进士，任云岩令。注重教化，著《正蒙》17篇。后来辞官，专事著述。他提出了太虚即气的哲学思想，肯定气是充满天地间的物质实体，并认为气有阴阳的属性。他在《张横渠集. 两参第二》里，对风雨雷电等天气现象、各种自然现象变化的解释，作了哲学的概括：阴性凝聚，阳性发散。

范成大(1126—1193),字致能,江苏苏州人,诗人,绍兴进士,官至参知政事。体验人情、自然,敏于观察,除了写诗,还著有《桂海虞衡志》、《吴船录》等杂著。记下了一些地方的气候、自然现象。对峨眉宝光等天气现象,作了最详细、准确的记述。还记载了吴下风俗夏至后数九的歌谚。

朱熹(1130—1200),字元晦,一子仲晦,号晦庵,别称紫阳,徽州婺源(今属江西)人。南宋哲学家、教育家。曾任秘阁修撰等职。对经济、史学、文学、乐律、自然科学有不同程度的贡献。著有《四书章句集注》、《周易本义》、《诗集转》、《楚辞集注》,及后人编撰的《晦庵先生朱文公文集》和《朱子语类》等多种。后两书中散见有他对霜露、雨雪、风云、雾虹、雷电等形成的解释。

四、明清时期气象代表人物

明清时期,是古代气象预测经验不断丰富时期,古代气象知识广泛应用于农业经济社会发展,由于一些古代科学家、农学家和学者的参与,在前人经验的基础上总结形成了大量广泛流传的气象应用知识和农业气象谚语,对指导古代农业生产发挥了重要作用

1. 徐光启与《农政全书》。徐光启(1562—1633),南直隶松江府上海县法华汇(今上海市)人,明代科学家。万历三十二年(1604)进士,官至礼部尚书、大学士。从事天文、气象、农学研究,最早从学术上开始中西结合,参加天主教会,向罗马传教士利玛窦学习研究西方天文、气象、历法、数学、测量、水利等科学,并作翻译介绍。编著《农政全书》,其中《授时》《农事》《荒政》等篇,按正月至十二月,每月都按关键农事和季节记载占候,并按天文、气象要素、地理山水、草木花草、鸟兽鳞鱼等进行占候及气象、气候对农业的影响,在总结前人成就的基础上,有切合生产实际的论述。他对明代以前100多年蝗灾进行分析研究,指出蝗虫发生的气象和环境条件是:“湖濼广衍,暵溢无常,谓之涸泽,蝗则生之”。还主持《崇祯历书》的编撰工作。

《农政全书》中收录甚广，全书共60卷，约70万字，全书分农本、田制、农事、水利、农器、树艺、乔桑、乔桑广类、种植、牧养、制造、荒政等12个门类，其中荒政部分防御气象灾害所占篇幅很大。在《农政全书·农事·授时》均包含有丰富实用的农业气象学内容，篇中大量介绍了《农书》、《月令》和《齐民要术》关于授时的主要内容，特别强调授民时而节农事，即要求农家掌握寒暖，顺天时从事农业生产，是中国古代农学集大成之作。《农政全书》卷之十一《占候》篇，主要根据元末明初《田家五行》、元代陆泳的《田家五行拾遗》、明代邝璠的《便民图纂》、冯应京的《月令广义》等四部书中辑录、汇集而成。在辑录时，徐光启对个别文字有所增删，侧重选辑了大众的体验及具有适用性的内容，并且大量删去了一些明显的迷信糟粕，在纯洁天气谚语上起了一定的积极作用。《农政全书·占候》篇开始辑录了从正月至十二月的占候，接着从论日、论月、论星、论风至论走兽、论龙（说的是龙卷风）、论鱼、论杂虫共有28论。书中"月晕主风，日晕主雨"，"雨打五更，日晒水坑"等许多气象预测预报农谚至今还在民间广泛流传。

2. 张燮与《东西洋考》。张燮（1574—1640），福建漳州名士，明万历甲午（1594）举人，20岁中举后，从父亲张廷榜被无故"罢官"的一事中，深感官场竞争的剧烈，于是无心仕途，不再进京考进士走做官的路。万历四十五年（1617年）写成《东西洋考》，并著有《文集》、《群玉楼集》，刊刻汉魏《七十二家文选》，黄宗羲称他为"万历间作手"。

《东西洋考》十二卷，记载有东、西洋国家，即今东南亚各国的地理、历史、气候、名胜、物产等情况；记载有水程、二洋针路、海洋气象、潮汐，以及国人长期在南海诸岛的航行活动、造船业和海船的组织等情况，包括对气候、物产的记述。其中第九卷为《舟师考》，记载有《占验》、《水醒水忌》、《逐月定日恶风》、《潮汐》等天文气象海洋水文等内容。在《占验》中又分为占天、占云、占风、占日、占雾、占电、占海、占潮等气象预测内容；《逐月定日恶风》中记载有，总结各月海上大风可能出现的日期。

3. 谢肇淛与《五杂俎》。谢肇淛(1567—1624)，福建长乐人。明万历二十年(1592)进士，明代文学家，官至广西左布政使，熟悉河流水利，著有《北河纪略》、《文海波抄》。他的笔记体著作《五杂俎》为明代一部有影响的博物学著作，十六卷，分为天、地、人、物、事五部，其中天部、地部各二卷，人部、物部、事部各四卷。在天部、地部记有谈天气、气候、气象的内容，对许多方面提出了独特见解。

在《五杂俎》天部二卷和地部二卷中，记载有江南梅雨、北方干旱和沙尘天气，对一些气候的描述非常生动。如《五杂俎·天部一》记载："《四时纂要》：梅雨而雨曰梅雨"；"江南每岁三、四月，苦霪雨不止，百物霉腐，俗谓之梅雨"；"自徐、淮而北，则春夏常旱"；"元至元二十四年(公元 1287 年)，雨土至七昼夜，深七八尺，牛畜尽没死"；"大雨由天，下雨由山"(说明已经认识到大的天气系统和局地天气的区别)。类似记述在《五杂俎·天部一》中还有很多。《五杂俎·天部二》记述了很多物候和气候问题，还收录了许多天气谚语，如"日没胭脂红，无雨也有风"，"日落云里走，雨落半夜后"等。在《五杂俎》地部二卷中记述了古今气候与人类活动的变化和一些重大的气象现象，如记述商代：殷世常苦河患，当时不闻其求治水之方，而但迁徙以避之；记述明代燕山气候：今燕山寒暑气候与江南差无大异；记述万历年间在流球途中遇到的一次飓风天气过程等等。

4. 宋应星与《天工开物》。宋应星(1587—约 1666)，奉新(今属江西)人，万历举人，中国明末科学家，崇祯七年任宜分教谕时，十一年为福建汀州推官，十四年为安徽亳州知州。明亡后弃官归里，终老于乡。著《天工开物》，详述各地工农业生产技术，并有《论气》、《谈天》等科学论述。

《天工开物》分上、中、下 3 卷，共 18 篇，内容从农作物的种植、收割、加工，到制盐、糖、油、酒、曲和制衣服、染颜色；从砖瓦、瓷器、纸张的生产到五金采冶、器具锻铸、石灰、矾石、硫磺和煤炭的利用，以及车船、朱墨、珠宝等制作。英国汉学家与历史学家李约瑟称他为“中国的狄德罗”。在《天工开物》中涉及许多农业气象知识的应用，如在《稻灾》篇中记载了水稻容易出现的八种气象灾害，还提到水稻因干旱缺水而变得具有抗旱性，通过人工选育，可以得到变异的旱稻种子，即“凡稻旬日失水则死期至，幻出旱稻一种，粳而不粘者，即高山可插，又一异也”；《麦灾》篇中记述：“扬州谚云‘寸麦不怕尺水’，谓麦初长时，任水灭顶无伤；‘尺麦只怕寸水’，谓成熟时寸水软根，倒茎沾泥，则麦粒尽烂于地面也”。在《咸作》中，论述了海盐生产与气象的关系，潮汐的影响；还提到宁夏、山西的盐池生产，如何利用山中燥热的下沉气流（焚轮风）来蒸发产盐。

宋应星在《论气》一书中，继承了先秦荀子，汉代王充，宋代张载等元气论并予以发展，形成了他的唯物主义一元论自然观哲学体系。《论气》认为宇宙万物最原始的物质本原是“气”，由“气”而化“形”，形又返回到“气”。在形和气之间还有个物质层次是水火二气。宋应星把元气论和五行说（金、木、水、火、土）结合起来，用“二气五行之说”来解释万物构成的机制。由元气形成水火二气，再由水火形成土，水火通过土形成金木有形之物，然后再逐步演变成万物。《论气》认为气虽然看不见，却是一种无处不在的物质，有气而后有声，而声可以通过冲、界、振、辟、合、击而得之，物之冲气也，如激水然，这是认为声音传播有波动性。

5. 茅元仪与《武备志》。茅元仪，（1594—1640）明末儒将，（今浙江吴兴）人，明代学者。茅元仪自幼喜读兵农之道，成年熟悉用兵方略、九边关塞，曾任经略辽东的兵部右侍郎杨镐幕僚，后为兵部尚书孙承宗所重用。崇祯二年因战功升任副总兵，治舟师戍守觉华岛，获罪遣戍漳浦，忧愤国事，郁郁而死。茅元仪目睹武备废弛状况，曾多次上言富强大计，汇集兵家、术数之书 2000 余种，历时 15 年辑成《武备志》，对后世影响较为深远。

《武备志》于天启元年编成，二百四十卷。其中《军资乘》五十五卷，讲了立营、行军、后勤、以及屯田、水利、漕运、海运、医药等方面的事宜;这些活动大都需要气象条件保证。因此,《武备志》把军事占候列为非常重要的内空,在《占度载》中共有九十三卷,分占和度两部分,其占即占天,主要记载天文气象,记有占天、占日、占月、占星、占云、占风雨、占风、占蒙雾、占红霓、占霞、占雨雹、占雷电、占霜露、占冰雪、占五行等。很大篇幅讲各种预见、预测,包括气象方面的《测天赋》、《玉章亲机》,收集了大量的预报天气、气候的经验。是军事气象学史料的总结和发展。

占度载 93 卷,分占和度两部分。占,载日、月、星、云、风、雨、雷、电、五行、云物、太乙、奇门、六壬等占验,其中虽有人们对天文气象的某些粗浅认识,但多不经之谈。度,载兵要地志,分方舆、镇戍、海防、江防、四夷、航海六类,图文并茂地叙述了地理形势、关塞险要、海陆敌情、卫所部署、督抚监司、将领兵额、兵源财赋等等内容。指出,兵家谈地理或无方舆之概、户口兵马之数,或缺关塞险要,“非所以言武备也,故我志武备,经之以度”。

6. 方以智与《物理小识》。方以智(1611—1671),明末清初思想家、科学家。明亡后曾出家,改名大智。桐城(今属安徽)人。崇祯进士,任翰林院检讨。对天文、地理、物理等都有研究,强调实验科学(质测),平生著述较多,其中《物理小识》一书,就是一部列有天类、历类、风雷雨旸类、地类、占候类等科学著作,书中论述了大气声光现象、大气分层、气候南北差异、降水预兆和理论。

在大气光象方面,方以智围绕“气”和“光”两大要素,透过千差万别的表象,从本质上解释蜃景,认为发生于山间、海上、旷野、广漠、市中、河岸,均为光在大气中相吸、相映的结果,并认为与大气的厚度有关,气平为阳焰旱浪等细小之景,气厚为山市海市等宏壮之景。在云雾降水方面,方以智用以阴阳结合西方三际说理论来解释风、雨、雾、霜、雪、露、霰、电、雹的成因。如“一气升降自为阴阳,气出而冷际遏之,和则成雨”,“阳亢则为风,阳欲入而周旋亦为风”,“夜半阴气清肃而上则为雾,结则为霜。雨上冷凝为霰”,“霰坠猛风,拍开成六出片,则为雪”,“夏月火气郁蒸冲湿气而锐起,升高至冷际之深处，骤冱为雹”等。这些基本接近从自然科学的角度描述云雾降水的物理过程，向科学认识这些气象现象迈进了一大步。

《物理小识》中有根据天象和物象征兆预测天气的内容，总结了一些气象变化规律，搜集保存一些气象相关的谚语，主要包括依据天象、大气光象、物象等预测天气总结，所预测的内容有风、雨、雪、阴晴、旱涝、虫灾等。《物理小识》还记载了一些农业气象资料，以四立分至、二十四节气指导农业生产，如“冬春种植，分移接。清明浸稻种，白露后种麦菜，此八节之准也”；“清明后种姜，社日治果木，惊蛰禁蚁，芒种栽栀插榴杉，三伏造酱饵硫、曝瓜菜种”等。还收了许多收录农谚。

7. 游艺与《天经或问》。游艺，字子六，生活于明末清初，生卒年不详，建阳崇化里（今书坊乡）人。在清初的时候师承熊明遇，从恩师那里了解了很多西方先进科学，并在此基础上与中国传统学说相结合，形成了很多新观点。《天经或问》是其较著名的代表作，书中涉及一系列气象学知识，被誉为中国气象学启蒙之作，该书在国内外都有较为广泛的影响。游艺对我国古代气象事业的发展做出了一定贡献。

《天经或问》共有四卷。卷一共有 22 图：昊天一气浑沦变化图，黄赤道南北极图，三轮六合八觚之图等；卷二有问答 17 条，各有标题：天体，地体，黄赤道，南北极，子午规，地平规，太阳，太阴，日食，交食，朔望弦晦等；卷三有问答 25 条，各有标题：岁差，经星名位，恒星多寡，大星位分，太阳出入赤道度分，经星东移，觜宿古今测异，七曜各丽天，恒星天等；卷四有问答 27 条，各有标题：分野，年月，历法，霄霞，风云雨露雾霜，雪霰，雹，雷电，霾，慧孛，虹，日月晕，日月重见，风雨徵等。游艺结合中西科技成果，撰成通俗读物《天经或问》一书，很有独特见解，被收入《四库全书》，并流传日本，多次翻印发行。《四库全书》总纂纪昀评述这部书：凡天地气象、日月星辰之运行，月盈日食的道理，以及风云、雷电、雨露、霜雾、云霓的变化，都设有问答，明其所以然，条理清晰，通俗易懂；至于星占应验之术，则摒弃不谈。

《天经或问》融合了西方当时较为先进的天文学、气象学、地震学等知识与中国古代传统天文、气象及地震学，通俗易懂，流传广泛。它被誉为第一本天文气象科普读物，形式新颖，一问一答；卷一是各类图集，从卷二开始以一问一答的形式向人们普及天文气象学知识。同时还有学者称《天经或问》为中国气象学启蒙之作，简明地解释了各类气象要素、大气光象、风雨预测的知识。《天经或问》还在日本引起了新一轮的研究热潮，成为当时向日本人传播西方天文学和气象学知识的最重要来源，推动了日本当时天文气象事业的发展。游艺对中国古代气象的发展做出了一定的贡献，但是目前学界对游艺的研究还较少，我们应予以游艺及《天经或问》应有的重视。

8. 其他著述代表人物。杨慎(1488—1559)，四川新都人，明正德间试进士第一，授翰林修撰，有著作百余种。《升庵经学》对古代天文、气象、历数作了考证。所辑《古今谚》一书，收集古代诸家典籍及名人所传引的古谚古语 260 余则，另有地方谚语 40 余则。其编纂特点是：(1)古谚古语大体按历史顺序排列；(2)所辑时谚，按地区单独列出，多为农谚或气象谚语；(3)一般从文学角度着眼，所选谚语多富形象性。如“月如弯弓，少雨多风；月如仰瓦，不求自下”；“朝霞不出市，暮霞走千里”；“乾星照湿土，来日依旧雨”。

熊明遇(1580—1650 年)，江西南昌进贤人。明万历二十九年(1601)进士。探讨天气变化规律，作有《日火下降阳气上升图》，他的学生游艺加以修改，成为《日火下降阳气上升诸象图》和《云飞、雨降、雷鸣、电掣之图》，形象地说明大气对流、雷雨产生的过程。著有《格致草》六卷，其中卷四、卷五依西洋科学原理，辨析自然界变化与历史上所载灾异，如风云雷雨的形成、天河光淡及塔放光的原故等。

黄履庄(公元 1656—?)，广陵(今江苏扬州)人，清代发明家。

设计制造了验冷热器和验燥湿器(即温度计和湿度计),能分辨气候、验测药性、预报晴阴,是气象科学中十分关键的仪器。他应用“琴弦缓”的测湿原理,用鹿肠线制造成悬弦式湿度计。它的特点是:“内有一针,能左右旋,燥则左旋,湿则右旋,毫发不爽,并可预证阴晴。”他还发明了望远镜、显微镜、多级螺旋水车等,为气象、农业提供了装备,但未得推广应用。在他发明验燥湿器百年后,瑞士人霍·索修尔于1783年才发明了毛发湿度计。

李调元(1734—1803),字羹堂,号雨村,四川罗江(今属德阳)人,文学家,乾隆进士,历任广东学政,直隶通永道。李调元一生著述极为丰富,按照杨懋修《李雨村先生年谱》统计,一共130种。其中《童山全集》,民歌集《粤风》收集有广东天气谚语。嘉庆四年(1799)著《蔗尾丛谈》,卷一《地气》,叙述了台湾飓风,《月令图说》对古代气候、节气知识作了分析。在其校订的《古今风谣》、《古今谚》中收集了很多气象谚语。

李明彻(1751—1832),字青来,广东番禺人,道士,在广州纯阳观设观斗台,观天候气,并到北京拜访钦天监正,学习天文、气象。著有《圜天图说》,对日月晕、风雨征、天地形气变化现风雨、风云雷电、雪霜雹等提出了定性的分析。参加两广总督阮元主编《广东通志》的工作,撰写有关气候、节令、占验部分。道光六年(1826年)春天,在南方发现彗星,他推算有天旱现象,向阮元建议大量进口洋米以备饥荒。当年秋天果然天旱,广东因采纳其建议,市面米价平稳,被后人传为美谈。

阮元(1764—1849),字伯元,江苏仪征人,清代著作家、刊刻家、思想家,在经史、数学、天算、舆地、编纂、金石、校勘等方面都有着非常高的造诣,乾隆进士,曾任湖广、两广、云贵总督,官至太子少保、体仁阁大学士。在古籍训诂及天文、气象、历算、地理研究方面著述颇丰,还著有《畴人传》,介绍历来天文、历算、气象学家的成果和事迹。

高一志(1566—1640),一名王丰肃(Alfonso Vagnoni),意大

利传教士。明万历三十三年(1605年)来华。据统计,他平生著有二十五部专著,其中《空际格致》一书,为首先把西欧中世纪气象知识系统介绍入中国的人。《钦定四库全书》总目记载:《空际格致》二卷(直隶总督采进本),明西洋人高一志撰。西法以火、气、水、土为四大元行,而以中国五行兼用金、木为非。一志因作此书以畅其说。然其窥测天文,不能废五星也。天地自然之气,而欲以强词夺之,乌可得乎?适成其妄而已矣。

梁章钜(1775—1849),字闳中,祖籍福建长乐县,清初徙居福州,自称福州人。嘉庆七年壬戌科进士出身。著有《农候杂占》共有四卷,凡涉及预测天气、解释天气现象或反映气候变化规律的内容都收集在内。卷一内容多引录古代文献;卷二内容多抄录《田家五行》,部分引录福建、湖南和江西一带的气象农谚;卷三内容为各种气象现象占;卷四内容为物候占,利用植物、生物对天气变化的反映来预测预报天气,多为引用《田家五行》、《师旷占》、《论衡》和《农政全书》等典籍文献。

参考文献

[1] 司马迁. 史记. 第245页、第201页、第175页. 长沙:岳麓书社. 1997.
[2] 温克刚. 中国气象史. 第86页、第259页、第259页. 北京:气象出版社. 2004.
[3] 刘柯等. 管子译注. 第59页、第471页、第363页、第365页. 哈尔滨:黑龙江人民出版社. 2003.
[4] 梁隆炜. 中国通史. 第532页、586页、540页. 北京:中国档案出版社. 1999.

后　记

中国古代气象活动源远流长，内容涉及十分广泛，既是中国古代气象科学的重要组成部分，也是中国古代思想文化的重要构成。我们通过参加《中国气象百科全书》古代部分的编写，在现有文献资料的基础上，结合过去收集已久的文献资料，撰写了《中国古代气象》一书，在各方面的大力支持下，终于与读者见面。

中国古代气象科学技术成就，是古代先民以追求人与自然和谐、实现“天人合一”精神信仰的结晶，也是充分体现中国农耕文明发达的重要标志。本书从古代气象观测、气象预测、气象科学成就、气象知识应用、气象文化、气象机构和气象代表人物等方面，比较全面地介绍了中国古代气象概貌。从三千多种历史文献中，大致厘清了中国古代气象科技和气象文化发展脉络，也算达到了作者立意著编中国古代气象之初衷。通过本书的整理出版，若能对读者了解中国古代气象科学技术发展进程，掌握一些中国古代对气象知识的应用情况，在传播和传承中国传统文化等方面产生一些认知效果，也是作者之欣慰。

本书出版得到了气象出版社、南京信息工程大学公共管理学院的大力支持，特别是中国气象局原副局长王守荣研究员亲自为本书作序，对本书进行通阅审改，并提出宝贵意见；气象出版社李太宇先生一直关注中国古代气象整理与研究，对本书出版给予了悉心指导；王银平和邓一同志投入心力参与了校改和整理。本书参阅了大量历史文献，一些引文在每章结尾均有标注，但由于中国古代气象文献范围十分广泛，涉及的历史文献十分庞杂，有些引用资料未在标注中全列。在此，一并表示衷心感谢！

在本书编写过程中，由于中国古代气象活动，历史之悠久，内容之丰富，史料之浩繁，实感水平有限。囿于作者的学识和水平，书中难免存在不当和谬误之处，恳请读者、专家和同仁批评指正！

作　者

2015年5月10日